图说生物世界

# 发光蘑菇的抗议：请别叫我萤火虫
## ——真菌类

侯书议 主编

上海科学普及出版社

**图书在版编目（ＣＩＰ）数据**

发光蘑菇的抗议：请别叫我萤火虫：真菌类 / 侯书议 主编. —
上海 ：上海科学普及出版社，2013.4（2022.6重印）

（图说生物世界）

ISBN 978-7-5427-5598-8

Ⅰ．①发… Ⅱ．①侯… Ⅲ．①真菌－青年读物②真菌－少年读物 Ⅳ．
①Q949.32-49

中国版本图书馆 CIP 数据核字(2012)第 272709

责任编辑 李　蕾

助理编辑 钦　盈

图说生物世界

**发光蘑菇的抗议：请别叫我萤火虫——真菌类**

侯书议 主编

上海科学普及出版社

（上海中山北路 832 号　邮编 200070）

http://www.pspsh.com

各地新华书店经销　三河市祥达印刷包装有限公司印刷

开本 787×1092 1/12　印张 12　字数 86 000

2013 年 4 月第 1 版　2022 年 6 月第 3 次印刷

ISBN 978-7-5427-5598-8 定价：35.00 元

# 图说生物世界
## 编 委 会

丛书策划:刘丙海　侯书议

主　　编:侯书议

副 主 编:李　艺

编　　委:丁荣立 文　韬 李　艳

　　　　　韩明辉 侯亚丽 赵　衡

绘　　画:才珍珍 张晓迪

封面设计:立米图书

排版制作:立米图书

# 前　言

　　一提到真菌,相信很多人的脑海中会浮现各式各样的蘑菇。可是你们知道吗? 真菌可是个庞大的家族,在这个庞大的家族中生活着数以万计种的真菌。

　　那么,真菌除了包含那些蘑菇以外,还包含什么呢? 它们是不是跟蘑菇都长得差不多呢? 它们会不会像蘑菇一样,既让我们欢喜又让我们担忧呢? 相信你们的脑袋瓜里一定充满了很多很多的问号。现在,你们就和我一起, 坐上真菌家族的观光巴士,去真菌家族旅游一圈吧! 相信大家一定会收获多多。

　　上了真菌家族的观光巴士以后,我将化身小导游,带着你们去认识不同种类的真菌。

在第一站，我会带着你们去参观一下真菌的整个家族。在这个过程中，你们会认识到到底什么样的生物才能被称为真菌，像真菌这样庞大的家族又是如何管理的，你们还会明白包括蘑菇在内的这些真菌是如何繁殖后代的。

在第二站，我会带着你们去看看，在这么多的真菌中会有哪些菌类为人类的美满生活作出了巨大贡献。这其中包括一些为我们人类搞清洁的真菌，也包括那些为我们人类提供各种美味的真菌。

在第三站，我会带你们认识一下与人类为敌的真菌，这些真菌可是很可怕的噢！大家可要小心了！

在第四站，我会带你们去看看那些神奇的真菌，大家会见识到很多非常诡异的真菌，比如会发光的蘑菇、让你产生幻觉的真菌、能让人流眼泪的马勃等等。

在观光巴士的最后一站，我会带着你们去看看其他有趣的真菌，在这里，你们会认识到最大的真菌、最小的真菌、最贵的真菌、最风光的真菌……

总之，只要你们能够坐上这趟真菌家族的观光巴士，你们就一定会有一个新鲜而又刺激的观光之旅。观光巴士就要出发了，大家赶紧上车吧！

# 目录

## 真菌的介绍

## 人类的好朋友

## 也有邪恶的真菌

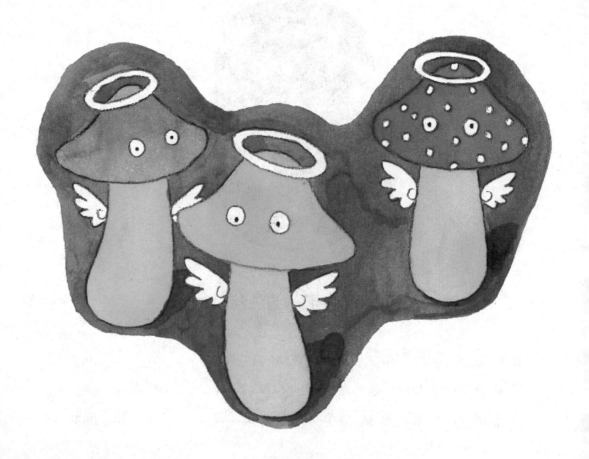

## 诡异的真菌

## 真菌家族里的趣闻

 真菌的介绍

**关键词**：真菌、生物学分类、繁殖、鞭毛菌亚门、接合菌亚门、子囊菌亚门、担子菌亚门、半知菌亚门

**导　读**：作为生物界的一个类别，真菌有个庞大的家庭，它们以有性繁殖和无性繁殖两种方式繁衍后代。真菌类不但包含我们常见的蘑菇，还有酵母菌、霉菌等微生物。

# 真菌归植物还是动物

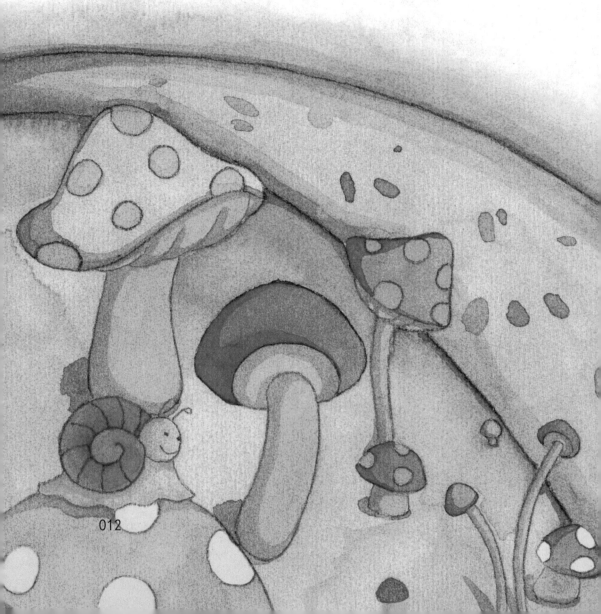

相信一提到真菌肯定很多人都会想起这么一首歌："采蘑菇的小姑娘，背着一个大竹筐，清早光着小脚丫，走遍树林和山岗……"甚至有的人还会联想到在茂盛的树林里，地上长满了一朵朵小蘑菇，清晨的阳光透过茂密的树叶斑斑点点地照在这些美丽的小生命上，远远望去，这些小蘑菇就像是一把把在地上撑起的小太阳伞。

不知道大家对蘑菇有多少了解？或许你们经常吃蘑菇，但是你们知道它在生物界当中属于哪一个种类吗？其实，大家经常吃的蘑菇只是真菌家族中的一个小成员而已，就像我们熟悉的"猫"和"动物"之间的关系一样，猫就是动物中的一个种类而已。

那么,到底什么是真菌呢?

在世界上存在的生物除了病毒以外都是由细胞组成的,真菌也不例外。真菌的细胞大多是由细胞核、细胞质和结实的细胞壁组成的,在细胞核的外边还有双层核膜包裹着,这种被核膜包裹的细胞核被称为真核,所以,真菌可以称为是真核生物。

真菌是一个比较大的家族,在这个家族当中物种特别多,它们每时每刻都会悄无声息地出现在我们的周围。

相信很多人听到这里会说:这是在吹牛吧? 如果真菌真的每时每刻出现在我们周围的话,那么,在大多数情况下我们怎么就看不到呢?

其实，这种说法一点儿都没有吹牛。真菌真的是无处不在。在真菌家族当中，不仅包括人们比较熟悉的各种各样的蘑菇，还包括像酵母菌、霉菌等很多种微生物，这些微生物用肉眼是看不出来的，一般需要借助显微镜才能看到。因此，说真菌无处不在，真是一点儿都不夸张！

人们之所以看不到，是因为真菌个头并不都像蘑菇那么大，有的个头非常小，就拿酵母菌来说，它的直径一般只有 1～20 微米。说到微米你们可能有点儿晕，什么是微米啊？微米与厘米、分米、米同属长度单位。只不过微米非常小，1 厘米就可以换算成 10000 微米，从这儿就可以看出酵母菌有多小了，只有在高倍显微镜下才能

够看到它。

　　真菌在营养生长的阶段被称为营养体。绝大多数真菌的营养体都是一种可以分枝的丝状体。

　　什么是丝状体呢？

　　所谓丝状体是由鞭毛蛋白构成的。鞭毛蛋白也是一种蛋白质，这是一种小颗粒状的物质，这些鞭毛蛋白紧密地排列着，并且相互缠绕，就像一根中间是空的铁管子，只是这根管子很细很细。丝状体的直径非常小，一般只有 2～30 微米，最大的菌丝也只有 100 微

米。单个的丝状体又被称为菌丝，很多菌丝在一起又被称为菌丝体。真菌除了丝状体这种营养体以外，也有一部分真菌的生命体是由原生质团或单细胞构成的，不过这样的真菌在真菌家族中占少数。

值得一提的是，大多数真菌虽然也像植物一样有细胞壁，但是不像小草和大树这样的植物一样体内有叶绿体。所谓叶绿体就相当于一个工厂，有叶绿体的植物可以利用里边的一种叫叶绿素的物质，在太阳光线的照射下，将二氧化碳和水等物质转化为有机物。这种有机物就像是营养液，给植物提供生存的基本营养，所以这些含有叶绿体的植物自己就可以养活自己。而真菌因为没有叶绿体，不能像植物一样进行光合作用，所以真菌也就没有办法自己养活自己

了，只有像动物一样通过汲取别人的营养来维持其生命。

　　尽管真菌像动物一样来汲取营养，却不能像动物那样吞咽咀嚼之后，通过身体的各个消化器官来吸收。但是，真菌自身能够分泌出一种酶，这跟动物消化器官中的消化酶有点儿相似，它能有助于真菌将有机物分解之后吸收利用。也就是说，只要存在有机物的地方，真菌一般都能够生存。

也正是因为这样，真菌的生存范围是相当广阔的，土壤、空气、水，甚至动植物的体内都可以看到它们的影子，所以说真菌是无处不在的。

看到这里，你们是不是觉得真菌是一种很奇怪的生物呢？可能会有一点儿奇怪吧！不过千万不要小看它们啊，真菌来到世界上的时间也不短了，据科学家研究发现，其祖先可能在几亿年前就在地球上出现了，比人类来到地球上的时间早多了。

关于真菌到底是动物还是植物？这是一个让科学家们都挠头的问题。

说真菌是植物，可是它们没有一般植物的根、茎、叶也就算了，还没有植物体内所含的叶绿体，弄得它们不得不像动物一样从别人那里获得营养，寄生在植物甚至是动物的身体上过日子。真菌连藻类都比不上，藻类还能自给自足呢！

可是，如果说真菌是动物，这个也不够确切。真菌相对于一般动物来说，不能像动物一样自由活动。这样一来，真菌显然不能划归为动物。

那么，真菌到底该归在哪一类呢？这得要看科学家是怎么来界定植物和动物的了。1753年，瑞典的博物学家林奈按照生命体的营养方式、运动能力和细胞结构的特点将地球上的生物分为动物和植物。尽管大多数菌类是没有叶绿体的，可是像细菌和真菌这样的菌类都是有细胞壁的，就是依据这一层小小的细胞壁，林奈就把真菌划分到了植物里面。尽管如此，有些科学家们还是难以认同，他们将整个生物系统分成了五界，而真菌家族成了和动物、植物等其他四界并列的一界，这无疑是将真菌家族的地位提高了，对于真菌来说确实是可喜可贺的。

不过遗憾的是，这一分法也并不能得到所有科学家的认同，所以这种分法在科学界依然是有争论的。

# 真菌的生命这样创造

相信在地球上生活的任何一种生物,都希望本物种能够生生不息。而真菌家族也不例外,它们也希望在偌大的地球上永远都有它们的一席之地。

这样一来,繁衍后代就成了真菌家族的头等大事。接下来就给你们介绍一下真菌是如何来繁衍其后代子孙的!

当真菌的营养生活进行到一定阶段的时候,就会进入繁殖阶段,这就像动物生长到一定的年龄就可以繁殖后代一样。真菌进入繁殖阶段以后就会形成各种繁殖体,这种繁殖体被称为"子实体"。子实体也叫"果实体",就是指高等真菌的产孢构造部分。子实体包括有性繁殖形成的有性孢子和无性繁殖形成的无性孢子。这些孢子就像是真菌的"种子"一样,可以长成新的真菌。

那么,什么是真菌的有性繁殖和无性繁殖呢?

首先给大家介绍一下什么是有性繁殖。地球上的很多生物都是采用这种方法来繁衍后代的。有性生殖就是指两个不同性别的细胞结合以后经过减数细胞分裂产生孢子的繁殖方式。

这样大体上解释真菌家族的繁殖特点，大家可能不太理解。事实上，真菌的有性繁殖是可以分为三个步骤：

第一步是质配，就是指一个"妈妈"细胞和一个"爸爸"细胞相互融合在一起，两个细胞里边的物质通过这种融合以后合并在一个细胞中。这时，这个细胞就像一个双黄的鸡蛋，里边含有两个细胞核。

第二步是核配，就是指一个细胞中的两个细胞核再相结合，融合成一个双倍体的核。

质配阶段

核配阶段

第三步是减数分裂，所谓分裂就是一个变成两个，两个变成四个的过程，双倍体细胞核会经过两次减数分裂变身为四个单倍体。这四个单倍体就是后来的四个孢子，这些孢子经过一段时间的发育以后，会长成成熟的真菌。

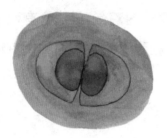

第一次减数分裂

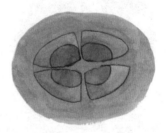

第二次减数分裂

另外，真菌家族还有一个繁殖方式就是无性繁殖。那就比较简单了。就是有一部分真菌的营养体不用经过核配或减数分裂产生孢子，而是直接由菌丝分化成孢子，这些孢子以后会长成新的真菌。

真菌家族的生命就是这样被创造，并且不断延续着后代的。

# 真菌有个大家庭

前面已经讲过,真菌是个庞大的家族。这么多的菌种如果混在一起的话,人们识别起来非常不方便。于是,科学家采用生物学分类原理对真菌进行归类,划分为五大亚门。

它们是:鞭毛菌亚门、接合菌亚门、子囊菌亚门、担子菌亚门和半知菌亚门。

有一部分真菌在进行无性生殖的时候,可以产生带有鞭毛的游动孢子。所谓鞭毛就是一种毛状的细胞器,它们可以帮助孢子在水中游动。这样的真菌就被划到了鞭毛菌亚门。鞭毛菌亚门的真菌大多数都是在水中生活的,只有很少一部分属于两栖或者陆生。这些真菌在水中一般都寄生在水藻等植物上,有的也会寄生在各种昆虫或鱼类等动物上。像水霉、疫霉等都是属于鞭毛菌亚门。

　　接合菌亚门的真菌可以进行无性生殖,在无性生殖的时候，它们会产生一种没有鞭毛不能游动的孢子。它们也能进行有性生殖,在进行有性生殖的时候，由相同或者不同的菌丝产生两个形状相同,大小相同或大小不同的配子囊,这两个配子囊经过接合形成接合孢子，因此它们被称为接合菌。接合菌亚门的真菌一般都是腐生菌,它们很多都是人类发酵、医药等工业生产的生产菌。

　　子囊菌亚门是真菌最大的一个亚门,在这个亚门中的真菌都是比较高等的真菌。子囊菌

亚门的真菌无性生殖比较发达，不过也能进行有性生殖，它们在进行有性生殖的时候能够形成一种子囊孢子，因此，它们才被称为子囊菌亚门。

子囊菌亚门里的真菌生活习性差异很大，有的喜欢在水里生活，有的喜欢在陆地上生活。生活在水里的子囊菌可以跟藻类共生形成地衣。但是这是少数。大多数子囊菌还是生活在陆地上的，这些真菌很多都是植物的病原菌，如有些植物的枯叶病或者叶斑大多数都是由子囊菌感染引起的。

担子菌亚门的真菌是所有真菌中最高等的亚门，因为它们在进行有性生殖的时候，能够产生孢子或者担孢子而得名。担子菌亚门是一个比较大的亚门，它所包含的真菌种类也很多，既有像蘑菇一样能够供人类食用的有益真菌，也有像锈菌这样的能够危害到植物的有害菌。

真菌的最后一个亚门称为半知菌亚门。什么叫"半知"？"半知"就是一半知道，一半还不知道。之所以叫半知菌，是因为科学家对于这些真菌的特性、生殖方式、类别划分等等，并非有十足的把握和充分的依据。因此，称呼这些难以了解和归类的真菌为半知菌。

上述这些就是整个真菌家族的概况，在这个基础上人们才可以更细致地研究真菌家族。

# 真菌和细菌、黏菌的区别

在整个生物界当中，除了真菌能够被称为菌，还有两种生物也被称为菌，这两种生物就是细菌和黏菌。这两种"菌"跟真菌一样都是属于微生物世界的生物。虽然它们都同属于微生物界，但是细菌、黏菌却跟真菌有着明显的区别。

首先我们先说真菌跟细菌的区别。

细菌就是一种细胞核没有核膜包裹着的生物，没有核膜包裹着的细胞核称为原核，所以细菌也算是一种原核生物。细菌跟真菌都

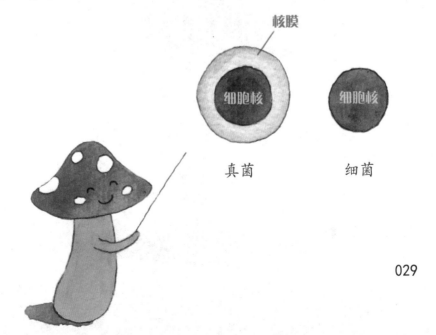

核膜

细胞核

细胞核

真菌　　　　　　细菌

属于微生物,但是它们在生物类型、大小、结构等很多方面上,都跟真菌有着明显的区别。

第一,从生物的类型上看,真菌的细胞核是有核膜包裹着的,因此真菌是一种真核生物,而细菌则属于原核生物。再者,所有的细菌都是由一个细胞组成的,而真菌只有小部分是由一个细胞组成,大多数真菌都是由多个细胞构成的生命体。

第二,细菌的细胞跟真菌的细胞在大小上也有差别,细菌的细胞直径一般只有 1~10 微米,而真菌的细胞是比较大的,它们的直径一般都在 10~100 微米。

第三,细菌的细胞结构跟真菌的细胞结构有所不同。虽然细菌

细菌

的细胞跟真菌的细胞一样，都有细胞壁、细胞质等，但是依然有很大不同。其一，细胞壁的成分不同，细菌的细胞壁主要成分是一种名叫肽聚糖的物质，而真菌的细胞壁是一种叫几丁质的物质。其二，细菌没有成形的细胞核，而真菌具有。

第四，名称组成不同。虽然两者的名字里都有一个"菌"字，但是细菌里边一般都会含有球菌、杆菌、线菌这些描写生物形状的字眼，可是真菌里边一般都没有。

第五，细菌和真菌的繁殖方式也不一样。细菌既是一种原核生物，也是一种单细胞的生物，它们的繁殖方式是通过二分裂的方式繁殖的。所谓"二分裂"就是一分为二。一个成熟的细菌，它的细胞壁会横向分裂，从而形成两个大小差不多的子代细胞。而真菌的繁殖方式就比较复杂了，作为真核生物的真菌，它们要么进行有性生殖，经过质配、核配、减数分裂等复杂的步骤来繁殖后代；要么进行无性生殖，通过菌丝分化成孢子来繁衍后代。

其次，我们再看看真菌跟黏菌的区别。

黏菌跟真菌一样都是真核生物，但是黏菌却是介于真菌和动物之间的一种微生物。黏菌跟真菌最本质的区别就是它们的生命史可以分为两个部分：一段是动物史，一段是真菌史。

黏菌的营养体是裸露原生质体，原生质是活细胞的全部物质，真菌的原生质都是由细胞壁包裹着的，而黏菌的原生质则是裸露的。正是因为黏菌的原生质体是裸露的，再加上原生质可以流动，所以这些黏菌在依附的物体上像小虫子一样蠕动，并且还能够吞食食物。黏菌的这些特点跟原生动物是极为相似的，这是黏菌的动物史阶段。

　　当黏菌到了繁殖阶段的时候，它们又跟真菌的繁殖方式非常相似。在繁殖的时候，它们的原生质体又变身为子实体，这是一种高等真菌的产孢结构，它能产生大量的孢子，这些孢子其实就是黏菌的前身，它们经过一段时间的成长以后就会长成成熟的黏菌。

黏菌

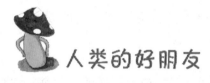 # 人类的好朋友

**关键词**：真菌、地球清洁、食用菌、美味菜肴、酵母菌、酿酒、制作馒头和面包

**导　读**：真菌在人类生活中发挥的作用是非常大的，可以说，正是由于真菌的存在，人类的生活才会像现在这么美好。那么，真菌在人类生活中都发挥了什么样的作用呢？

# 地球的清洁很需要真菌

在自然界中,生物的种类是多种多样的。这些生物包括人在内都会有生命终结的时候,植物会枯萎,动物会死亡,随着时间的推移,这些动植物的尸体会越积攒越多。一些动植物的尸体经过腐烂、变质之后,会污染水体、空气、土壤等。

退一步来说,就是这些动植物不死亡,它们的生活也是需要新陈代谢的。

所谓新陈代谢,是指生物体从外界环境中吸收营养物质的同时,顺便将体内的原有物质转化为废弃物排出体外的过程。比如说人类新陈代谢的过程就是吸收食物里的营养物质的同时,将身体里原有的物质转化为汗液、粪便排出体外的过程。任何生物只要活着,就要不停地进行新陈代谢。

这样就有一个问题出来了,如果每人每天都要不停地进行新陈代谢,那么人类赖以生存的地球,不是慢慢地要被这些废物所覆盖了吗?

其实,这个问题大家是没有必要担心的,地球上有很多"保洁员"。其中，真菌就在地球上起着一个"保洁员"的作用。

你们肯定会问："真菌是怎样来当清洁工的呢?"原来，它的作用原理是这样的：

前面已经说过,真菌都是没有叶绿体的,也正是因为如此,真菌想像植物那样自给自足地生活就成了奢求,但是真菌又不能像动物那样直接吸收有机物来获取自身必需的营养物质。它们要想生存下去,只能通过体内的酶将有机物分解成无机物。

这样一来,真菌的清洁功能就体现了出来,即当真菌在自我分解有机物时,等于参与了自然界的物质循环。

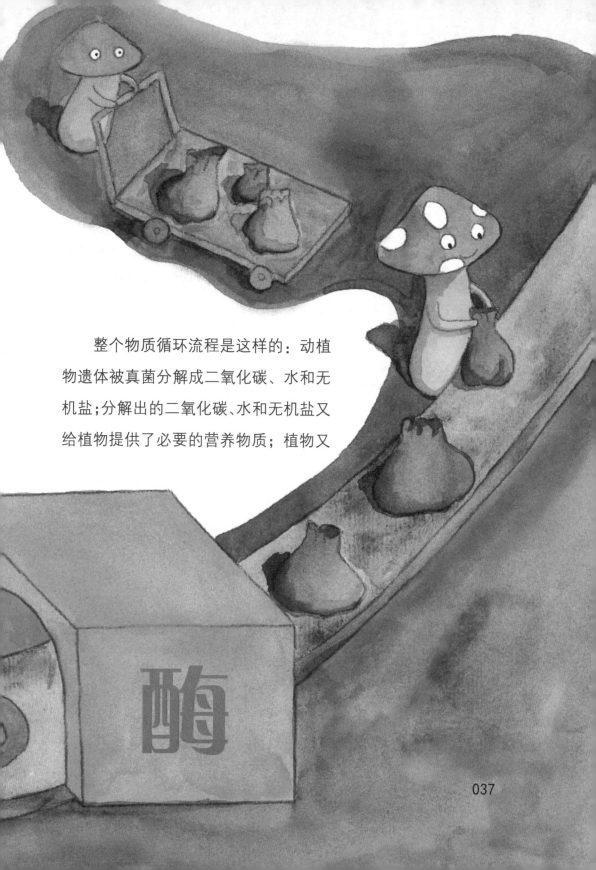

整个物质循环流程是这样的：动植物遗体被真菌分解成二氧化碳、水和无机盐；分解出的二氧化碳、水和无机盐又给植物提供了必要的营养物质；植物又

酶

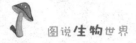

循环到动物,为动物提供了必要的营养物质。接下来,动植物死亡,真菌再一次分解。因此,真菌也是地球物质循环不可或缺的一环。

由此可以看出,真菌在分解有机物时,就成了为地球清理垃圾并保持自然生态平衡的过程。这也直接表明自然界生物多样性的重要价值。

# 加入美味菜肴的行列

真菌家族的成员有时吃的是人类排放出来的垃圾。但是，也只有这样它们才可以维持生存。人类也一样需要吃饭才能够活下来。

真菌家族虽然吃的是"垃圾"，可是给人类餐桌上提供的却是上等菜肴。人们经常说："吃的是草，挤的是奶。"这句话对真菌家族而言，也一样适用。真菌吃的有时甚至是"粪便"，可不是一样长成味道鲜美、营养丰富的菜品吗？

说起营养，有人会问："什么最有营养呢？"有句谚语说得好："吃四条腿的不如吃两条腿的，吃两条腿的不如吃一条腿的。"那么一条腿的菜会是什么呢？告诉你们吧，真菌中的食用菌好多都是一条腿的。虽然一条腿的生物未必都含有丰富的营养，但是作为一条腿的食用菌，大多都是特别有营养的呢！

食用菌到底是从什么时候走到人类餐桌上的呢？由于人类吃食用菌的历史太长久了，所以，这个确切的时间已经很难说清楚了。

不过，据考古学家发现，在埃及尼罗河边上的大漠中，坐落着一座神奇的古庙，大概修建于公元前的 1450 年。这座古庙的墙壁上

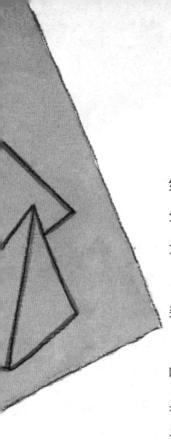

绘制了大量的壁画,除了纪录了埃及法老的征战以外,还描绘了大量的植物和动物,科学家们在这大量的植物和动物当中竟然发现了属于真菌的蘑菇。

这就意味着在 3000 年前,真菌就已经走进人类的生活了。

在中国,食用菌已经成为很多人喜欢的一种美味佳肴,无论是在家里的厨房里,还是在饭店的餐桌上,都能看到它们作为一种受欢迎的菜肴摆在桌子上的身影。也可以说,很多人的菜谱已经离不开食用菌了。

目前,在中国已经知道的食用菌大概有 350 多种,一般能够端到大家餐桌上成为精美菜肴的有香菇、草菇、猴头菇、牛肝菌、木耳、银耳、口蘑、红菇等,这些可都是真菌家族的重要成员啊!对于香菇、蘑菇、木耳、银耳这些食用菌,大家是不是都吃过啊?这些都是大家餐桌上最常见的。

如果有些你还没有吃过,赶紧去菜市场买一些吧!这些食用菌不但口味鲜美,而且营养丰富,含有大量的蛋白质、脂肪、糖类、维生素以及矿物质等。

在真菌家族的成员中，猴头菇是最有名的真菌之一。猴头菇这家伙的名字听着就让人想要发笑，它到底长得什么样子呢？给你细细描述一下吧！它的菌伞上长满了密密实实的毛绒状的肉刺，远远望去，就像一只小猴子的头，也正是因为如此，科学家才给它取了这么一个有意思的名字叫"猴头菇"。猴头菇不喜欢炎热，喜欢气温适中而且湿润的环境，所以一般在热带和亚热带是看不到野生猴头菇的，在中国东北地区的森林里或者喜马拉雅山的林区里偶尔会看到它们。

猴头菇很早就走进人类的餐桌上了。据说在遥远的商

朝时期，就已经有人
开始采摘猴头菇食用
了。不过那个时候这种食
用菌很少，一般只有地位显
赫的达官贵族才有机会吃到，
在一般老百姓的餐桌上是看不到
它们的影子的。

猴头菇第一次出现在史料中,是在一本叫做《农政全书》的书中,这本书是明代一个叫徐光启的人写的。虽然这本书中记录了猴头菇,但也只是提到它的名字,一笔带过。后来在清朝的一些书籍中

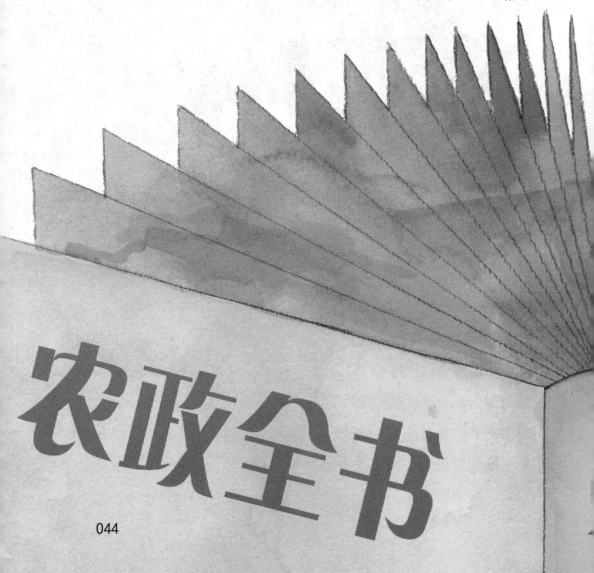

农政全书

才简单地介绍了这种食用菌的做法。到了近代，人们还是很少见到关于猴头菇的记述，直到新中国成立以后，人们才对野生猴头菇进行驯化和推广，至此，这种名贵的食用菌开始走进千家万户。

猴头菇的营养是非常丰富的，它还是中国比较有名的传统菜肴。只说它有营养或者是一种比较有名的菜肴，还不足以表现猴头菇在菜肴中的地位。如果让它跟一些名贵的菜肴比较一下，就能够清楚地了解它在菜肴中的地位了。

大家或许听说过燕窝和鱼翅吧？它们可是很名贵的菜肴哦！猴头菇就能跟这些名贵的燕窝、鱼翅相媲美呢！而且猴头菇还素有"山珍猴头、海味燕窝"的美称。

是什么让猴头菇在菜肴中有如此高的地位呢？原来，它对于人类来说是一种高蛋白、低脂肪的食物，在它小小的身体里含有丰富的蛋白质、糖类、粗纤维和人体需要的多种维生素等营养物质。这些营养物质对人类的身体都能起到至关重要的作用。

猴头菇的味道也非常鲜美，经过厨师的一番烹饪之后，都成了很多地方的名菜，比如说吉林的珍珠猴头、黑龙江的鸭腿猴头蘑等。

除了猴头菇外，银耳也非常不简单。银耳又叫白木耳、雪耳等。它是一种胶质的真菌，不但有点儿透明，而且软软的还很有弹性。一般是由数片或者十余片瓣片组成，样式非常漂亮，有的像盛开的菊花，有的像争芳斗艳的牡丹。

银耳的营养价值也非常高，在古代，很多皇帝都把银耳当成滋补身体的佳品，有的甚至把它当成长生不老药。银耳还素有"贫民燕窝"之称,因为它不但价格便宜,而且营养价值和燕窝不相上下。

　　银耳含有丰富的维生素 D,长期食用的话,可以有效地防止人体钙质的流失, 可以帮助你们长个子;银耳里边还含有大量的钙、铁、磷、钾、钠、镁等许多人体必需的微量元素,对于强健身体也是很有好处的。

　　另外,银耳还有大量的粗纤维和天然植物性胶质,这可是爱美女性减肥、美容的上佳食品。

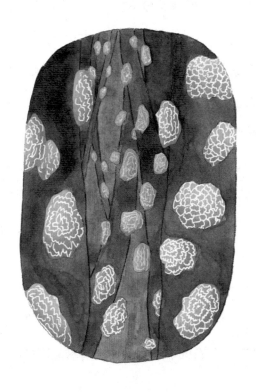

# 用途广泛的酵母菌

人类真是一种很奇怪的动物，总喜欢在吃的问题上下功夫，有的人喜欢吃馒头，有的人喜欢吃面包，有的人喜欢喝红酒。

但是，请你们记得在享受这些美食的时候，千万不要忘了真菌家族哦！因为这些食品都有真菌的一份功劳。如果没有真菌家族中的酵母菌，这些食物的原料根本就无法发酵做成面包或红酒。

酵母菌和蘑菇虽然都属于真菌，但是酵母菌的个头却远远没有蘑菇的个头儿大。酵母菌的直径大小一般只有 1~20 微米，它在真菌当中算得上是个头最小的了。

它个头虽小，但并不妨碍它的营养价值高，甚至高于那些比它个头大好多的蘑菇呢！酵母菌是人类可以直接食用的一种微生物。在它的身体中除了含有丰富的蛋白质、糖类以外，还含有很多的维生素、矿物质和酶。

科学家经过大量的实验证明，1000 克的酵母菌含有的蛋白质是同重量大米的 5 倍，是同重量猪肉的 2.5 倍。所以，含有经过酵母菌发酵以后制作而成的面食要比没有发酵过制作而成的面食营养价值要高得多。

　　酵母菌有一项很神奇的魔法，无论是有氧，还是无氧，它都可以进行一种转化，且在不同情况下转化得到的物质不同。在有氧气的条件下，它可以将葡萄糖转化为水和二氧化碳；在没有氧气的条件

# 我们最爱酵母菌

下，它可以将葡萄糖转化成二氧化碳和酒精。

酵母菌用它的魔法给人类作了很多贡献，它被人类广泛地应用在食品的加工和工业生产当中。

酵母菌具有如此神奇的本领，虽然在很久以前人类看不到它，但是，还是有人发现了酵母菌不凡的秘密，所以就拿它来制造一些人类生活所需要的食品。它是人类应用最早的微生物之一，被人类应用在食品加工上。

　　人类利用酵母菌制作最普遍的食物就是面食。人们在制作这些面食以前，会先把酵母菌和面粉掺在一起制成面团，酵母菌就会在有氧气的情况下生成大量的二氧化碳，然后再把面团放在锅里，或者蒸煮，或者烘烤，这样就制成了松软可口的面包或馒头。

　　人类制作面包和馒头的历史是非常早的，大约在公元前2000年以前，埃及人就已经掌握了面包的制作技术。

　　在埃及的一个叫塞倍斯的地方，考古学家发现了公元前2000年以前的面包房，并发现在那个时候，埃及人已经可以较为成熟地

利用酵母菌来制作面包了。

馒头的历史虽然没有面包早，但是也是相当久远。馒头又被称为中国特色的面包，中国人制作馒头的历史可以追溯到春秋时期，据考古学家调查，中国人早在春秋时期就已经学会用面粉加水、加食用碱等调匀，发酵后，放在锅里蒸成馒头了。

人类除了用酵母制作面包和馒头等食品外，还用酵母菌酿酒。

我们知道，酒的成分除了水以外，就是酒精，有了酒精的水才叫酒。人们利用酵母菌酿酒时，一般都是先

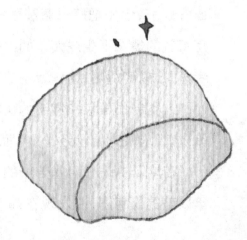

往装有酵母菌和粮食的发酵罐里通氧气，酵母菌虽然在有氧和无氧的情况下都能生活，但是在有氧的情况下繁殖得比较快，所以人们在酿酒的时候为了能有足够的酵母菌而先让它进行有氧呼吸。当酵母菌繁殖到一定量的时候，再将酒罐封存，让酵母菌在密封的环境中进行无氧呼吸，在无氧的情况下，酵母菌就可以把粮食中的葡萄糖转化成酒精了。

酵母菌不光在制作食品的方面作了贡献，人类还利用它制作医药。因为酵母菌中含有维生素、蛋白质和酶等营养成分，医学工作者将酵母菌制成了酵母片，也就是食母生片。当人们不想吃饭或者消化不良的时候，这种药可以帮助调理肠胃的消化功能。

另外，酵母菌还被应用在喂养动物的饲料当中。由于酵母菌中含有丰富的蛋白质，农民饲养的猪、鸡、鸭之类的家禽家畜吃了含有酵母菌的饲料，不仅可以加快生长速度，还能改良肉、蛋的质量。

瞧这小小的酵母菌给人类作了多大贡献啊，所以当你们嘴里咀嚼着香甜的馒头时，或者看到人们品尝着醇香的美酒时，千万要记住，小小酵母菌发挥着巨大的作用呢！

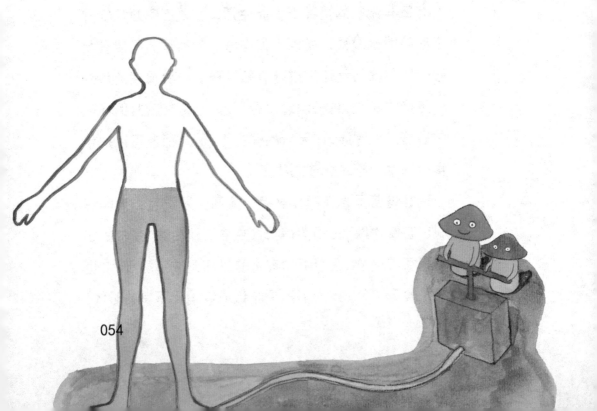

**也有邪恶的真菌**

**关键词**：死帽菇、毒天使、怪侠、野生蘑菇、水霉菌、麦角菌、黄曲霉菌、毛癣菌

**导　读**：在真菌世界里，既有对人类作出贡献的真菌种类，也有深藏剧毒、危害人类健康乃至生命的真菌种类，而辨别清楚这些真菌，显然具有非常重要的价值与意义。

# 最顶级的蘑菇"毒王"——死帽菇

在真菌家族当中,很多蘑菇都成了人们餐桌上的美食,与人类生活密不可分。

童话故事里,常常讲采蘑菇小姑娘的故事。你们是不是也希望像采蘑菇的小姑娘那样背着小竹筐或者挎着小篮子去大森林里采蘑菇呢?

采蘑菇当然是个好事情，但是，你们要随时提醒自己，并不是所有的蘑菇都可以采来食用的，因为还有很多蘑菇是有毒的！一旦不小心吃到这些有毒的蘑菇，就会引起各种疼痛不适，严重的，甚至可能导致死亡。

　　虽然很多蘑菇看上去都很美丽可爱，但是有些却不能成为餐桌上的美食，越是漂亮的蘑菇可能就越会成为伤害你们的凶手。

　　目前已知世界上最毒的毒蘑菇是一种叫死帽菇的蘑菇，可以称

它为蘑菇群中的"灭绝师太",它的毒性非常强,一旦被人吃进肚子里,就会对肝脏和肾脏造成伤害。如果一个成年人不小心吃了 30 克左右的死帽菇,恐怕他的性命就保不住了。

死帽菇是俗名,它还有一个学名叫毒鹅膏菌。它喜欢潮湿的地方,而且喜欢在橡树下生长。在澳大利亚堪培拉、墨尔本、阿德莱德

等地常常可以看到它的踪迹。

这种恐怖的蘑菇的菌伞是绿色的，菌柄是白色的，跟人们经常吃的草菇长得非常像，尤其是长成熟的时候，基本上可以达到以假乱真的地步。也正是因为它能够冒充草菇，才让人们更容易把它当成草菇食用，在不知不觉中，就中了它的毒，甚至还会有生命危险。

有些食物，如果经过高温，它体内的毒性或许就会降低，甚至是消失，但是，死帽菇却不是这样的！死帽菇身体中含有的毒素包括毒肽、毒伞肽两大类，这两大类毒素生命力特别顽强，无论是蒸、煮、洗，甚至是杀毒，怎么折腾对它都起不到任何作用。

一般情况下，误食了死帽菇以后，开始时会出现恶心、呕吐或者腹泻等症状。过个一两天，症状稍微缓解。但是危险还在后面呢！再过几天，误食者的皮肤和眼睛变黄了，这是因为肝脏受到破坏引起黄疸的表现。接着，误食者会继续腹泻、恶心呕吐，直至肝脏和肾脏衰竭死亡。

这是多么可怕的一件事啊！如果谁不小心吃了死帽菇，感觉到身体不适，就要尽快去医院做一个检查，以防危及生命。

# 蘑菇家族里的两大"毒天使"

在真菌家族当中,除了死帽菇善于下毒以外,还有两种看起来秀色可餐的漂亮蘑菇,在它们漂亮的外表下面,隐藏着能直接威胁人类生命健康的毒性。

第一种是学名叫"鳞柄白鹅膏"的毒蘑菇。这种蘑菇主要生长在欧洲。它还有一个绰号叫做"毁灭天使"。一听它的名字就能猜到它的威力了吧!这种蘑菇绝对不会辜负"毁灭天使"的称号。它有一个雪白的外表,远远看上去就像一把雪白的小阳伞,让人看了就会爱不释手。虽然这种蘑菇会散发出一种怪怪的臭味,但是这并不影响人们对它的喜欢,很容易被误以为是可以食用的蘑菇而吃进肚子里,尤其是在这种蘑菇小的时候,像是个被剥了皮的熟鸡蛋,就更让人失去对它的防范了。

第二种是学名叫做"双孢鹅膏"的毒蘑菇,它和"毁灭天使"一样,常常出没在欧洲地区。它的绰号与"毁灭天使"有得一拼,叫"死亡天使",光从名字上你就能体会到它的毒性有多么厉害了。死亡天使蘑菇的致命法宝是一种叫做鹅膏毒素的成分,如果有人误食了这

吃了我们可是

真的会成为

"天使"哦

种蘑菇,它的这种毒素就会先入侵人体的肝脏和肾脏细胞,阻止细胞的新陈代谢,从而达到杀死人体细胞的险恶目的,吃了这种蘑菇的人往往几天内就可能死于非命。

以上介绍的都是有剧毒的蘑菇。它们外表看起来并不狰狞,反而显得十分漂亮,它们和我们平时经常食用的蘑菇并没有太大区别,这让很多在野外看到它们的人容易误食。因此,大家在外出郊游的时候一定不要乱吃野生的蘑菇,它们也许就是这些外表温和的"毒天使"呢!

# 毒蘑菇帮里的"怪侠"

在真菌家族当中的众多蘑菇成员，长相也各有不同。有些长得十分美观、漂亮；有些长得十分平凡，虽然平凡一些，却无大碍。也有些蘑菇家族的成员，长得却稀奇古怪，甚至让人以为它们是从外星球来的生物呢！

这些家伙长得稀奇古怪也就算了，还全身带有剧毒，就像金庸武侠小说《射雕英雄传》中的"怪侠"梅超风一样。梅超风修炼"九阴真经"不得要领，却走火入魔修炼成了"九阴白骨爪"。这一招不但厉害，还阴损毒辣，江湖上的英雄们都称她为"铁尸"。大概是说她比"僵尸"还厉害吧。

而真菌家族里号称"怪侠"的毒蘑菇也不少呢。其"毒辣"程度不亚于梅超风，而长相也丑得非常另类，让人见到它们就感到非常恐怖和可怕。

因此，大家有必要了解这些阴损的毒蘑菇，在日常生活中远离它们。

那么这些号称"怪侠"的毒蘑菇都是哪些呢？

如果你们在野外的草丛里看到下面描述的那种蘑菇，你可得注意了：它的样子看起来很像一个褐色的鹿角，从另外一个角度看，还像一个奇特的马鞍子。这种怪模怪样的蘑菇有一种毒素，它能在人体内转化成一种叫甲基联氨的成分。这种毒素被人吃进肚子，并不像江湖上大名鼎鼎的七步断肠散之类的猛药立刻致人死命，但是长时间地摄入，就可能会产生能致癌的有害物质，最终危害人类的健康。它叫头套鹿花菌，学名为赭鹿花菌。

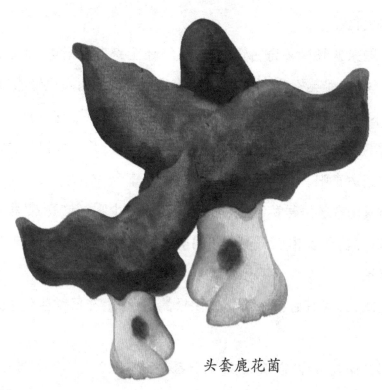

头套鹿花菌

河豚菌

世上有还一种叫鹿花菌的蘑菇，又名鹿花蕈或河豚菌，主要生活在欧洲和北美洲地区。这种蘑菇长得也非常奇怪，它有着回旋状的表面，特别像人类的大脑，正是因为如此，人们又给它取个名字叫"大脑蘑菇"。大脑蘑菇生吃足以致命，煮熟后虽然毒性不强，不足以要人性命，但是它对人体的肠胃功能有影响，可以引起人体肠胃的各种不适。

还有一个重量级的"怪侠"需要给大家介绍一下，它叫珊瑚菌，因为看起来像海里的珊瑚而得名。它从根部分出来许多枝枝杈杈，看起来又像扫帚，所以有人又给它取名"扫帚菌"。

珊瑚菌

珊瑚菌品种繁多，颜色也有很多种，有红色、白色和黄色等，整体看起来鲜艳秀美。珊瑚菌有一些种类是可以拿来食用的，而且吃起来清脆爽口，所以被人称为"野生之花"。

但是，也有一些种类的珊瑚菌却不适合食用，如别称为鸡爪菌、粉红丛

鸡爪菌

枝菌等珊瑚菌。在吃珊瑚菌的时候，最好分清哪些种类可以食用，哪些种类不可以食用，如果不小心误吃了不可以食用、并含有毒素的珊瑚菌，就会出现比较严重的腹痛、腹泻等胃肠炎症状了。

除了给大家介绍的这些"怪侠"毒蘑菇以外，还有好多蘑菇都含有不同程度的毒性。比如芥味滑锈伞、白毒鹅膏菌、鬼笔菌、粪锈伞、毒粉褶菌、赭红拟口蘑等等，它们的身体里含有毒素，所以吃蘑菇的时候一定要当心。

芥味滑锈伞

白毒鹅膏菌

067

野生蘑菇千万别乱尝

　　如何才能避免误食野生蘑菇中毒的情况出现呢？如果大家知道它们长什么样子，就不会随便吃它们了，所以说，能够识别出哪些是有毒蘑菇，哪些是无毒蘑菇，对大家是有很大好处的。那么，怎么区分有毒蘑菇和无毒蘑菇呢？下面就介绍几种鉴别方法。

　　第一，看颜色。一般来说，有毒蘑菇颜色都是十分鲜艳的，这种情况不但出现在植物当中，而且还会出现在动物当中，越是体色鲜艳的东西，它可能越危险。像一些绿色、紫色、红色、青色的蘑菇都有可能是带着面具的魔鬼，你们看见了以后最好离它们远一点儿，以免上当。尤其是紫色的蘑菇，别看它们长得艳丽，却往往会带着剧毒。如果你因为它们好看就去触碰或吃食它们，可能会对你的身体造成不必要的伤害。

　　第二，看形状。一般有毒蘑菇的菌盖形状是比较怪异的，像前面提到的大脑蘑菇和头套鹿花菌一样，形状都比较奇特；而无毒蘑菇的形状一般比较"规矩"，像一把小伞，伞面平滑。除此之外，有毒蘑菇的菌杆要比无毒蘑菇的更容易折断。

　　第三，看蘑菇的汁液。一般无毒蘑菇的汁液都是比较清澈，像水似的。而有毒蘑菇的汁液却比较浑浊，有点儿像牛奶。

　　第四，闻气味。一般无毒蘑菇都有一股特殊的香味。而有毒蘑菇的味道却没有那么好闻，就像前边提到的"毁灭天使"似的，它们的身上会有一股怪怪的味道，有些有恶臭味，有些比较酸涩，还有一些比较辛辣。

第五，用简易的方法测试。如果你实在分辨不出来它到底是不是毒蘑菇，在煮野蘑菇的时候，可以用银针测试一下。将银针放在蘑菇汤里，如果有毒的话，银针会变黑；如果没毒的话，银针还是正常的颜色。

另外，还可以用牛奶来检测。将蘑菇放进牛奶内，如果牛奶会变凝固的话，说明它是毒蘑菇；如果牛奶依然还是液体的话，那么它是

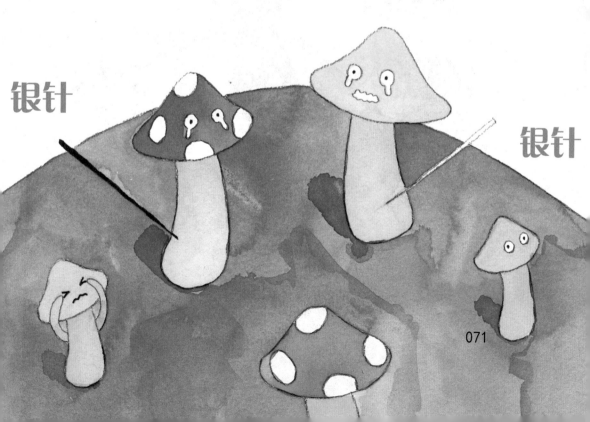

银针

银针

无毒蘑菇。

除此之外，毒蘑菇对大米和大蒜的体色也能够产生一定的影响。通常情况下，可以用大米或者大蒜跟蘑菇放在一起，如果大蒜或者大米变色了，则蘑菇有毒，反之则无毒。

# 鱼类的克星——水霉菌

你们有养小金鱼的经历吗？不知道你们养小金鱼的时候，有没有发现这些小家伙们是非常娇贵的，只要一不精心照顾，不出几天，它们的小命就会玩完。与此同时，你们的小金鱼身上还会长出很多白毛一样的东西。

那么，到底是什么让这些小金鱼的生命如此脆弱呢？我要告诉你们的是，这些小金鱼很有可能是因为感染了一种叫水霉菌的真菌而死的。

水霉菌是真菌家族中的成员之一，它是一种寄生在水中的腐烂植物体、昆虫的尸体，以及鱼类身体表面的真菌。当我们看到鱼缸里的小金鱼身上出现诸多白色的绒毛，那其实就是水霉菌的菌丝。

水霉菌的全身就是一团菌丝，当这种真菌找上鱼类等水生动物的时候，它的一部分菌丝会露在动物身体的外边，使这些动物的身体就像长了白毛一样，而另一部分菌丝就会偷偷地深入鱼类的身体组织中去。水霉菌就是靠这些深入寄主身体组织中的菌丝来吸收寄主身上的营养的。

这种吸收方式就像是植物的根一样,因此,这种菌丝又被人类称为假根。

水霉菌是一种喜欢在冬、春季节生长的真菌,因此这个时候养鱼是最不容易养活的。尤其是如果鱼类等水生动物在这个时候受伤

的话，它们的身体就更容易感染水霉菌。

当鱼类等水生动物的身体感染了水霉菌以后，它们就会出现食欲减退、行动迟缓或呆滞等症状。有些鱼感染的真菌比较严重，在它们的头部、吻端、尾巴或者鱼鳍上可能会有前面提到的"白毛"产生。也正是因为如此，人们又把这种疾病称为"白毛病"。

不仅鱼类等水生动物能够受到水霉菌的感染，这种真菌还能够感染鱼卵。当鱼卵被感染了水霉菌以后，在鱼卵的卵膜上会生出大量的菌丝，因此这种病又称为"卵丝病"。

当鱼类等水生动物感染了水霉菌以后，轻一点儿会影响它们的身体健康，严重的话就会导致死亡。这样一来就会给那些养殖大户带来严重的经济损失，所以人们会想尽各种办法来对付这些讨厌的水霉菌。比如，有些人利用水杨酸来对付水霉菌。

水杨酸又被称为柳酸，这种物质主要存在于一些比较常见的树皮当中，如柳树皮当中就含有这种物质。水杨酸在医学方面具有抗菌、止痒并能溶解角质的作用。

因此，当鱼感染了水霉菌以后，水杨酸就可以软化鱼身体表面的角质层，鱼的角质层脱落了，这些真菌也随之脱落。

另外，水杨酸还有一定的抗菌作用，对于杀死这些水霉菌也有一定的帮助。

# 横行中世纪的魔鬼——麦角菌

在中世纪有一种名叫"圣安东尼之火"的瘟疫在欧洲横行,感染这场瘟疫的人都是因为吃了一种面粉。吃了这种面粉的人就会出现四肢痉挛、肌肉抽筋等现象,紧接着手脚、乳房和牙齿感到麻木,然后这些部位的肌肉就会慢慢地溃烂、剥落,直到他们慢慢地被这种病痛折磨而死,那种惨状简直让人不敢目睹。这种被称为"圣火"的瘟疫在欧洲横行了很多年,夺去很多人的性命。

相信你们一定会奇怪,面粉是人类的主食啊,怎么会成为瘟疫的宿主呢? 要回答你们这个问题得从一个叫麦角菌的家伙说起了。

麦角菌是一种子囊菌,也是真菌家族里的一员,它对于人类可以说是十足的坏家伙。

麦角菌能把寄主的子房(植物生长种子的器官)变为自身的菌核(菌核是真菌生长到一定阶段,菌丝体不断地分化,相互纠结在一起形成一个颜色较深而坚硬的菌丝体组织颗粒。在形成初期为营养组织,到一定的阶段即后期能形成繁殖组织,即子实体),其状形同麦子颗粒,故名麦角菌。

麦角菌通常寄生在黑麦、小麦、大麦、燕麦、鹅冠草等禾本科植物的子房内，其中，它的主要寄主就是黑麦。

当黑麦的花季来临的时候，麦角菌的子囊孢子就会借着风力飞到黑麦的花穗上。落到黑麦的花穗上以后，它会快速侵入黑麦的子房，并且滋长菌丝，这些菌丝用不了多长时间就会"鸠占鹊巢"，充满整个子房。麦角菌繁育成熟以后就会生产出大量的孢子。与此同时，菌丝体中还能够分泌出一种带有甜味的黏性液体，吸引苍蝇、蚂蚁等昆虫来吃，这些昆虫在吃的时候也会将这些麦角菌的孢子传播到健康的麦穗上。

当这些黑麦快要成熟的时候，子房里的麦角菌就不会再产生孢子了，子房内部的菌丝会缩成一团，发育形成坚硬、褐至黑色的角状菌核，人们把它叫做麦角。

在麦角中含有麦角毒碱、麦角胺等成分，不仅能够导致人产生幻觉、错觉，还能导致关节变形、皮肤过敏等症状。这些麦角有一部分会落到泥土当中，当然也有一部分会混到黑麦里边。当人们吃了含有麦角的黑麦面粉以后，就会出现上述的各种中毒症状。

不过聪明的人类最终还是有办法的。

在18世纪的时候，随着面粉工业的改进和发展，人类掌握了去除混在小麦中的麦角的技术，从那以后，麦角菌就再也不能在人

类的生活中为所欲为了。

　　不仅如此,人类还将麦角菌中的一些化学成分提取出来应用到医药当中,让麦角菌这个曾经危害人类健康的家伙反倒为人类的身体健康作出了一些贡献。

# 无处不在的"小恶魔"——黄曲霉菌

20世纪60年代，英国的一家农场中有10万只火鸡竟然在短时间内相继死亡。10万只火鸡可不是个小数目，这对农场主来说是一个重大损失。

为了能够弄清楚这些火鸡的死亡原因，农场主请来科学家进行了详细的调查。经过两年多详细的调查研究，科学家终于找到了事件的罪魁祸首。原来，在喂养这些火鸡的饲料里边含有一种叫黄曲霉菌的东西，就是这家伙导致了火鸡的死亡。

看到这里，你们肯定都非常的奇怪，黄曲霉菌到底是什么东西呢？为什么能导致火鸡大量死亡呢？

黄曲霉菌其实也属真菌的一种。

这个家伙就像个幽灵一样经常在人类的生活中转悠，有的时候会出现在发了霉的大米中，有时候也会出现在霉变了的核桃仁或者杏仁上。总之，只要是发生霉变了的谷物或者果仁，都会成为它的栖息地。黄曲霉菌跟很多真菌一样，都是需要氧气的。如果氧气充足，则会非常有利于它们生长。

另外，黄曲霉菌的生长对于温度和湿度也是有一定要求的，30℃左右是它们成长最适宜的温度，在这样的温度下，加上80%~90%的湿度，那些黄曲霉菌就会感觉像进了天堂一样舒适，会像疯了一样生长。

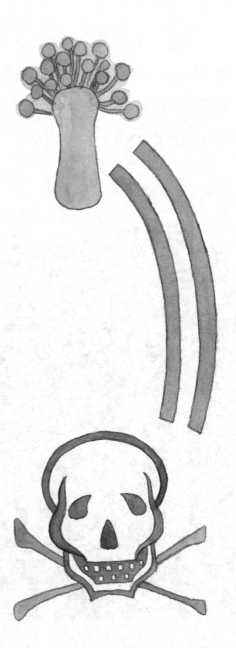

黄曲霉菌对人类来说，是个非常危险的家伙，它在代谢的过程中能够产生黄曲霉素。黄曲霉素这个东西你们可千万不能小觑，请听我给你们讲讲它的厉害之处。

黄曲霉素是一种由寄生曲霉和黄曲霉产生的化合物，它是一种毒性非常大的物质，而且耐高温，不容易对付。科学实验证明，在一般情况下，巴氏消毒法或烘烤面包的热度（中心最高温度为100℃）并不足以完全消灭黄曲霉毒素活性。只有通过长时间高温（100℃～120℃），才能使其大部分毒素活性消灭，最终还会保留一小部分有活性的毒素。因此，在黄曲霉的影响下，人体的多种组织都有可能会发生癌变，尤其是肝脏。

当人体吸收一定量的黄曲霉素后，就会出现中毒的症状。中毒的表现一般都是患上急性的肝炎或者肝细胞脂肪变性等。即便是以微量持续的摄入，也会让人体中毒，严重时还会引起纤维性病变。人体一旦摄入大量的黄曲霉菌后，肝脏就可能发生癌变。

世界卫生组织已将黄曲霉素划定为1类致癌物。可以说黄曲霉素是一种剧毒物质。

黄曲霉菌的攻击力固然厉害，但是人类并不是一点儿办法都没有的。要想避免受到黄曲霉菌的侵害，最有效的方法就是防止黄曲霉菌的生成，不给它创造成长的机会。

黄曲霉菌喜欢在谷物和果仁里边打转。如果我们在储存谷物和果仁的时候不给它提供合适的生存环境，那么它就无机可乘了。因此要想避免黄曲霉菌的生长，在储存谷物或者果仁的时候，一定要注意以下几点：

第一，在储存谷物或者果仁的时候，一定要注意有一个干燥的环境。黄曲霉菌的生活是需要一定湿度的，如果能够保证环境干燥，就能够有效地防止黄曲霉菌的生成。

第二，在储存谷物或者果仁的时候，一定要注意温度的控制。黄曲霉菌想要成长也是需要一定温度的，如果我们将温度控制在适合

它成长的温度以下,那么它就很难再生长了。因此,储存谷物和果仁时采取冷藏的方式是非常不错的选择。

　　然而,黄曲霉菌的生活范围太广了。无论人类在生活中怎样谨小慎微都还是有可能会将一些黄曲霉菌吃到肚子里。难道对于吃到肚子里的黄曲霉菌就没有一点儿办法了吗?

　　套用一句话:"解决问题的办法总是多于问题的。"要想对付吃到肚子里的黄曲霉菌也是有办法的,那就是增强自身的抗氧化能力,这样就可以减轻霉菌的侵害。

黄曲霉菌

# 藏在鞋子里的捣蛋鬼——毛癣菌

1840 年,英国对中国发动了第一次鸦片战争,在攻打了广州的同时,也强行占领了香港岛。英国占领了香港以后,就派自己的军队到香港岛驻扎。然而到香港驻扎的英国士兵的日子并不十分好过,尤其是在有一年的夏天,一批英国军队到达香港的港口,不知道什么原因,这些英国士兵居然上不了岸,只好在船舱中过日子。

然而,在船舱中生活哪儿是长久之计啊,船舱密不透风不说,天气还十分的炎热,很多英国士兵还得坚持穿着他们的长筒军靴。没过多长时间,这些士兵的脚上就长出了很多小水泡。这些小水泡不仅让他们感到奇痒难忍、坐卧不宁,还会出现红肿、化脓的症状。英国的天气温和湿润,英国士兵们哪儿患过这种怪病。由于这种病是在香港才得的,所以他们就把这种病称为香港脚。

那么,香港脚到底是什么病呢? 是什么导致这些英国士兵得了这种怪病呢?

其实,香港脚的真实名字叫做足癣,也称为脚气。人类之所以会受到这种病的困扰,也是因为真菌家族中的一些小坏蛋们在作怪。

它们是谁？下面就为你们介绍子囊菌亚门里的毛癣菌属。

毛癣菌属的成员非常多，而且繁殖能力十分强大，所以才让人类的脚变得像猪蹄子一样。其实，并不是一种毛癣菌在人类的脚上搞鬼的，而是有很多种，其中就有红色毛癣菌、石膏样毛癣菌和玫瑰色毛癣菌，这些都是使人类患上"脚气"的罪魁祸首。不过，这些毛癣菌虽然厉害，但是，人类也不是那么好欺负的，所以人类就发明了专治脚气病的各种药物，以防它们给人类带来一些不必要的困扰。

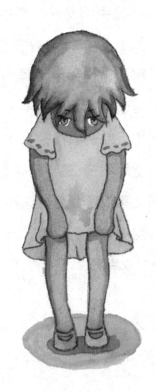

# 诡异的真菌

**关键词**：发光蘑菇、裸盖菇、小美牛肝菌、毒蝇伞、竹荪类真菌、马勃、僵尸蚂蚁菌

**导　读**：人们经常说"大千世界无奇不有"，其实，在真菌家族里也有一个大千世界，里边有许许多多稀奇古怪的成员，这些成员里有很多都具有神奇的本领，有一些可以让动物甚至人类产生恐惧。不过，它们当中也有很多是十分可爱的，在丰富人类餐桌的同时，也可以给世界增光添彩。

# 发光蘑菇的抗议:请别叫我萤火虫

　　3D 电影《阿凡达》,大多数人都已看过。影片中出现了很多会发光的植物,发出的璀璨光芒为大家增添了不少观看的乐趣。相信大家一定会对这些能发光的植物比较好奇。

在现实生活中,你们一定知道萤火虫这种生物是能发光的。大家也都知道,灯泡等电器发光的时候是需要电的,而生物发光大多不需要电。那么,世界上除了萤火虫以外,还有其他不需要电力自己就能够发光的生物吗?有!除了萤火虫以外,还有一些生物也是会发光的。

有一些真菌就会发光,而且还不在少数,被人类所认识的就已经有 70 多种了。这些真菌一般都是蘑菇类的,它们多数都喜欢生长在比较黑暗的地方,可能它们觉得只有这样,才更能够显现出它们能够发光的特性,因此这类能发光的真菌都被形象地称为"森林里的小夜灯"。你想,在漆黑的森林里,如果有了这些"小夜灯",看上去是不是十分美丽啊!

如果你能有机会在巴西的亚马逊热带雨林中穿行的话,请一定要小心你的脚下,因为你可能在不经意间就会踩到一种名叫"永恒之光"的蘑菇。这个名字源于奥地利音乐家莫扎特的《安魂曲》,而永恒之光这种蘑菇就像它的名字一样散发着永恒的光芒。

发现永恒之光这种蘑菇的是美国旧金山州立大学的丹尼斯·德斯贾尔丁和他的同事们。

2009 年的一天,丹尼斯·德斯贾尔丁和同事们在一个只有新月的晚上在茂密的巴西亚马逊热带雨林中穿行,当时的雨林中伸手不

见五指，可是地面上却是一片迷人的景色。一朵朵能发光的小蘑菇像天空中的星星一样，渲染了地面。这些发光的蘑菇就是被命名为永恒之光的蘑菇。

永恒之光蘑菇在白天的时候跟一般的蘑菇没有区别，只有在夜晚漆黑的状态下才能散发出光芒。这种荧光是这种蘑菇的法宝，它可以利用自己的这种光芒在漆黑的夜晚吸引那些出来活动的昆虫，而这些虫子就是永恒之光传播种子的媒介。

　　在夜晚，当茂盛的巴西雨林中变得一片漆黑的时候，永恒之光便慢慢地亮了起来，那些夜晚出来活动的昆虫就会像飞蛾扑火一样扑向永恒之光。而永恒之光就会将自己的蘑菇

孢子粘在这些昆虫的身上，让昆虫将自己的种子传播在森林的各个地方。

蜜环菌也能够发光，这是一种比较常见的发光蘑菇，夏末秋初的时候，在很多针叶林或者阔叶林的树桩上都可以看到这种蘑菇。不过这种蘑菇的菌体是不能发光的，一般这种蘑菇的光芒是来自它们的菌丝。

夏末秋初，一场大雨之后，在那些针叶林或者阔叶林的树桩上，就会长满这样的蘑菇。那星星点点的光亮，时隐时现，给茂密的树林增添了一种别样的神秘感。

虽然一般蜜环菌的发光体是来自它们的菌丝，但是也有例外的。在北美、欧洲等地的硬木森林或针叶树混合林中生活着一种蜜环菌，除了菌丝能发光以外，它的孢子也能发出光芒。这些蜜环菌的孢子散落在菌伞的下边，就像一粒粒小小的珍珠在一把小伞的呵护下散发着微弱的光芒。这些孢子的光芒能够发光不是为了美观，它对于蜜环菌来说是有其他妙用的。这些发光的孢子在吸引飞蛾等昆虫来这里产卵的同时，那些昆虫也就成了蜜环菌传播孢子的工具，昆虫会把这些孢子带到森林的各个角落。

除了前面提到的两种发光的真菌以外，世界上能发光的真菌还有很多，它们都是非常有意思的。比如在澳大利亚草原上有一种蘑菇叫做星菊菌,它的孢子也是能够发光的,当孢子们被风吹起的时候,这些发光的孢子就会像一条小银河一样照亮周围草原。

　　为什么这些蘑菇能够发光呢? 科学家研究发现,在这些发光蘑菇的细胞组织中,有荧光素和荧光酶,这就是发光蘑菇的秘密法宝,是这些东西让发光蘑菇发光的。

　　那么这些蘑菇为什么要发光呢?可能是为了能够将自己的孢子传播出去吧。事实上,很多科学家也是这么认为的。

## 巫师们的法宝：让你产生幻觉的真菌

在 3000 多年前的墨西哥，生活着这样一群人，他们认为自己跟一般人有着本质区别，因为他们是能够跟天上的神灵进行交流的巫师。

他们每次在跟神灵交流以前，都会先让自己喝下一包药粉。喝下药粉后，巫师的精神会变得极度兴奋，并对周围的环境产生一种隔离感，而他们心目中的神灵也会借着机会出现在他们的面前，跟

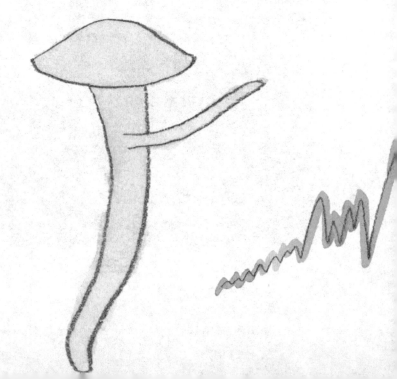

他们面对面地交流，而他们自己的行为在正常人的眼里也变得荒诞怪异。

　　为什么这些巫师会有这样怪异的幻想和行为呢？其实这一切的一切都是药粉惹的祸。他们喝的那包药粉其实就是用一些致幻蘑菇

制成的粉。在真菌家族中有一
些真菌身上的物质对人类的神
经会有麻痹作用，人服用后就
会产生幻觉。

　　有句俗语叫"一朵鲜花插
在了牛粪上"，还真有一种真菌
喜欢在牛粪上生长，这种真菌

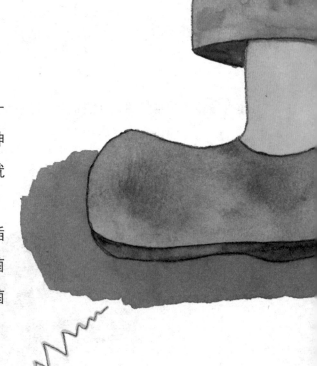

就叫裸盖菇。裸盖菇的菌盖
和菌柄都是白色的，但是它
的菌肉一旦受到破坏就会变
成蓝色，而它的孢子则会变
成褐色。

　　野生的裸盖菇主要分布
在古巴和墨西哥，裸盖菇又
被巴西人叫做"神圣的蘑菇"

或"幻觉蘑菇"。

为什么裸盖菇能让人类产生幻觉呢?这是因为在裸盖菇的身体中含有一种物质叫做裸盖菇素,它能够进入人类的大脑当中,干扰神经系统,使之无法正常地接受外界的信号,从而让人产生幻觉。

一般服用了裸盖菇的人,其异常行为会连续保持好几个星期。

097

小美牛肝菌也是一种能够致幻的蘑菇。小美牛肝菌又叫风手青、华美牛肝菌。这种蘑菇长得比较大，它的菌盖直径能长到 16 厘米左右，菌柄也比较长，能长到 11 厘米左右。它主要分布在中国的南方地区。

小美牛肝菌

由于味道鲜美，中国西南地区的一些人还将它作为菜肴，但是很多人因为吃的量过大或者烹饪不当而引起食物中毒。人们一般在中毒以后都会表现得喜怒无常，有的时候中毒人甚至会出现身在"小人国"里边的幻觉，在他们眼里周围的这些人都会变成不到30厘米高的"小人"，这些"小人"们会不断地向他们发出挑衅。而这些产生幻觉的人，因为内心非常恐惧，也会对他们眼中的"小人"施以攻击。所以在这种情况下是非常危险的。更为严重的中毒者还会精神分裂，精神痴呆，身体僵硬，活像个木偶。

除了前面提到的裸盖菇和小美牛肝菌以外，毒蝇伞也会让人产生幻觉。毒蝇伞是一种长相比较漂亮的真菌，它的伞盖是以深红色为主色调，在深红的颜色上边还点缀着很多小白点儿，而它的伞褶和伞柄都呈白色，远远望去真像一把美丽的小阳伞。

然而越是美丽的东西越是暗藏杀机。毒蝇伞的毒性非常可怕，误食了它的人全身发抖是小事，还神志不清，它会让误食者眼中看到的东西放大，在他们的眼中，周围所有的人都变成了巨人，他们的内心会感到非常恐惧。

毒蝇伞

# 长势惊人的真菌——竹荪类真菌

　　有一个成语叫"揠苗助长"，说有个种庄稼的人嫌自己种的庄稼长得太慢，就把禾苗往上拔高了一截，结果禾苗全都死了。你们知道吗？世界上有一些真菌，是不用拔高，它们自己就长得非常快。

　　很久以前，有一个法国人叫哈德·克鲁普，他非常喜欢旅行和探险。有一次，他独自一个人到巴西的原始森林中去探险，当他正要穿过一片灌木丛的时候，一个圆溜溜白乎乎的像小蛋一样的东西映入了他的眼帘。这个"小蛋"隐藏在一片杂草中间，如果眼力不好的人，可能还注意不到它。

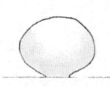

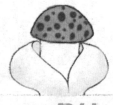

0　　　　15分钟　　　　30分钟　　　　60分钟

一开始，哈德·克鲁普以为这是一种小动物产下的蛋。但是他用手一摸，发现这个小蛋的皮肤不仅软软的还有些弹性。哈德·克鲁普从来都没有看到过这样的蛋，感到非常奇怪，正要仔细研究一下

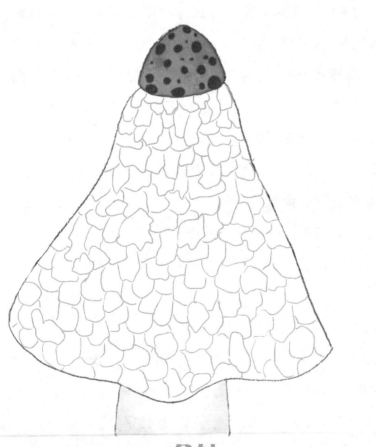

60CM

50CM

40CM

30CM

20CM

10CM

120分钟

的时候,突然发现这个蛋慢慢地变大了。当它膨胀到一定程度的时候,它的蛋壳上裂出了一道缝,紧接着这个蛋就被撕裂开来,从蛋的里面跳出了一把小伞。哈德·克鲁普这才恍然大悟,原来这是一只小蘑菇。

更为神奇的事情还在后头呢,哈德·克鲁普发现这个蘑菇以惊人的速度迅速成长,它只用了两个小时,竟然长了有 0.5 米高。这个神奇的蘑菇,有着橙黄的菌帽、雪白的菌柄。正在哈德·克鲁普观察它的外形的时候,在它橙黄的菌伞下突然抖落出一围洁白细致的纱裙,这朵蘑菇就像一位拖着雪裙的仙子,非常漂亮。不过,在这个蘑菇的身上散发出一股股难闻的臭味,它的臭味吸引了很多小昆虫们的注意,都纷纷向它飞奔而来。

哈德·克鲁普看到的是一种什么蘑菇呢? 到底是什么样的蘑菇才会生长这么快呢?其实,哈德·克鲁普看到的这种蘑菇属于竹荪类真菌。

竹荪类真菌是一种隐花真菌,它们一般寄生在枯萎的竹子的根部,可能也正是因为这个原因,它们才有了"竹荪"这个名字。又因为它们的体态优美,犹如一个个亭亭玉立的少女拖着一条条雪白的长裙,在那里寂静地站着,所以它们又有了"雪裙仙子"的美称。

竹荪类真菌的外观十分好看,但是它们却不属于那种"中看不

公主
舞

中用"的真菌,在很久之前,它们就作为一种名贵的食用菌而成为了人类餐桌上的一道美味佳肴。之所以称它们为美味佳肴,不但因为它们脆嫩爽口,还因为它们含有丰富的营养物质。在它们的身体里含有丰富的蛋白质、脂肪、糖类等营养物质。尤其是它们身体中谷氨酸的含量非常高,谷氨酸是人体基本的氨基酸之一,对新陈代谢有重要作用。

竹荪类真菌谷氨酸的含量高达 1.76%,这是其他任何一种食用菌都望尘莫及的。竹荪类真菌还含有多种矿物质和维生素,对于调节人类的血压和血脂也有一定的帮助。因此,竹荪类真菌对人体还起到了保健作用。

# 植物中的催泪弹——马勃

催泪弹是一种催泪武器，被打开后能够释放出一种刺激眼睛的气体，从而使人泪流不止。催泪弹为什么能够催泪呢？主要是因为催泪弹中含有一种名叫液溴的化学物质，这种物质不但能够刺激人的眼睛，还可以刺激鼻子等呼吸器官的黏膜，让人不停地流眼泪。

你们知道吗？世界上有一种真菌跟

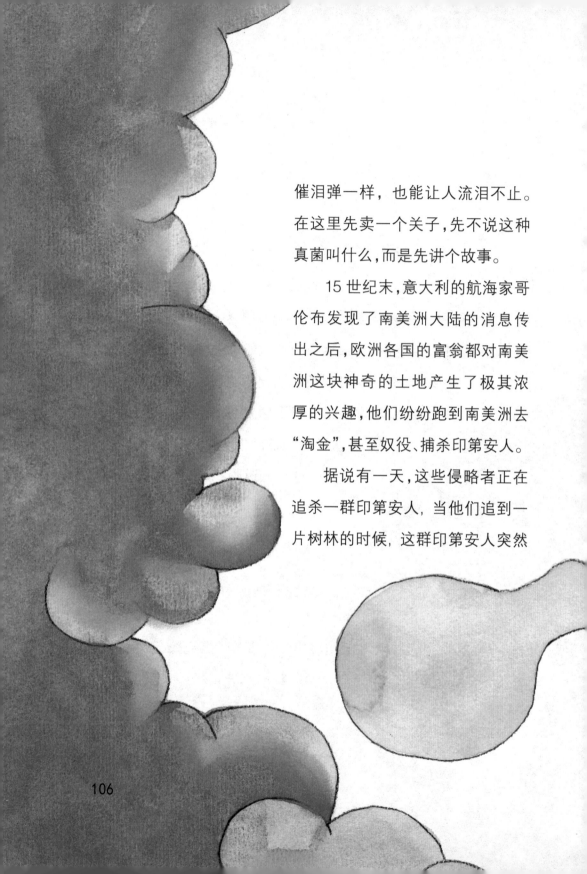

催泪弹一样，也能让人流泪不止。在这里先卖一个关子，先不说这种真菌叫什么，而是先讲个故事。

15世纪末，意大利的航海家哥伦布发现了南美洲大陆的消息传出之后，欧洲各国的富翁都对南美洲这块神奇的土地产生了极其浓厚的兴趣，他们纷纷跑到南美洲去"淘金"，甚至奴役、捕杀印第安人。

据说有一天，这些侵略者正在追杀一群印第安人，当他们追到一片树林的时候，这群印第安人突然不见了。这些侵略者犯难了,继续追又怕这些印第安人会给他们设下陷阱,不追的话又觉得可惜。正在他们为追与不追而犹豫不决的时候,就见有个瓜形"炮弹"从丛林中飞了出来。随着这个"炮弹"的降落发出了"嘭"的一声后,这个"炮弹"便在他们周围炸开了。顿时,一片黑烟向着四周弥散开来,侵略者眼前一片漆黑,而他们的鼻子受到了黑烟的刺激以后,鼻腔中感到一阵阵发酸,他们的眼泪便从眼眶中不断地涌出来。侵略者感觉大事不妙,正要逃跑的时候,刚才他们围追的那群印第安人从丛林中跑了出来,把侵略者围歼了。

这些印第安人用的就是刚刚提到的一种真菌催泪弹。这种真菌叫马勃,也是真菌家族中的重要成员。马勃又叫牛屎菌,其形状有点儿接近圆形,一般成熟的马勃的直径都在 15~20 厘米,比一个成人的拳头还要大一些。

　　马勃对成长环境要求不是很高,中国的内蒙古、河北、陕西、安徽、贵州等地都能看到它的影子。

　　那么,马勃放出的黑烟到底是什么东西呢? 为什么它能让人流眼泪呢?原来,马勃放出的黑烟并不是什么神奇的秘密武器,只是它的种子——粉状孢子。马勃成熟以后,它的孢子就像一颗颗蓄势待发的小子弹,只要包裹这些孢子的孢子囊受到触碰的时候,黑色的孢子就会如同黑烟一样向四周喷发出来。这些孢子落在地上以后就会长出新的马勃。由于这些孢子刺激性很强,能像液溴一样对眼睛产生刺激,所以人就会流眼泪。

　　这样一来,马勃不仅繁殖了后代,还保护了自己,实在是一件一举两得的事情。

# 控制僵尸的真菌——僵尸蚂蚁菌

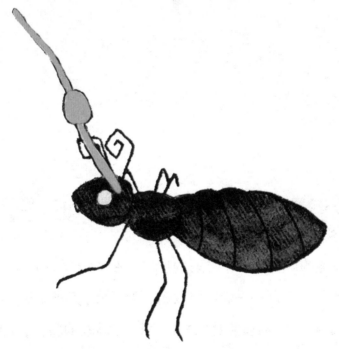

现在有一款游戏叫《植物大战僵尸》,相信不少人玩过。在游戏中,你们可以用善良的植物跟僵尸展开一场场殊死的搏斗,还可以用一种蘑菇控制僵尸的行动。可是你们知道吗? 世界上真的有一种真菌是可以控制僵尸的,不过这些僵尸并不像游戏中的僵尸那样面

109

目狰狞、恐怖，它们是一群蚂蚁的尸体，而控制这些僵尸的真菌就叫"僵尸蚂蚁菌"。

茂盛的雨林是一个神秘的世界。在这神秘的世界中，生活着蚂蚁最险恶的敌人——僵尸蚂蚁菌。僵尸蚂蚁菌能够释放出一种化学物质，这种化学物质能让它控制和改变蚂蚁的行为，让那些活生生的蚂蚁变成自己的傀儡，直到这些蚂蚁最终走向死亡。

僵尸蚂蚁菌来到地球上的时间非常早，根据有关专家的调查，这种真菌早在 4800 万年前就已经开始在地球上生活了，这比喜马拉雅山脉隆起的时间还要早呢！不仅如此，它还进化出了控制自己

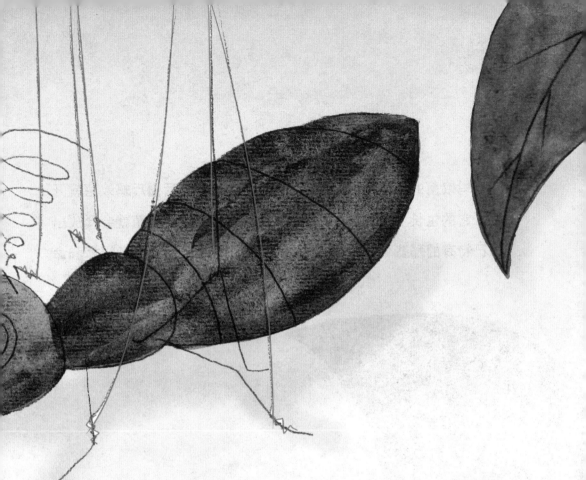

寄生动物的能力。僵尸蚂蚁菌喜欢炎热潮湿的环境，所以一般只有在巴西、泰国、南非的热带雨林中才可以看到它的影子。

僵尸蚂蚁菌喜欢寄生的对象是木蚁，木蚁是蚂蚁的一种，它们的颜色一般都是黑色。木蚁喜欢在潮湿的地方生活，所以它们一般喜欢在潮湿的木头上、地板或者墙壁上搭建自己的安乐窝。在热带雨林中，当僵尸蚂蚁菌的孢子从空中降落的时候，一部分就会很巧地落在木蚁的身上，落不到木蚁身上的也不用担心，它们可以先附在地上的植被上，当木蚁路过的时候，顺便跑到木蚁身上。

当这些孢子跑到木蚁身上以后，木蚁就被僵尸蚂蚁菌感染了，僵尸蚂蚁菌的孢子会通过酶进入木蚁的体内，然后僵尸蚂蚁菌就开始了它的生长。经过一个星期左右的时间，僵尸蚂蚁菌就会释放出自己特有的那些化学物质来迷惑木蚁，让木蚁听从自己的指挥和命

令,受感染的木蚁,就跟僵尸一样,在毫无反抗能力的情况下,听从真菌的指挥,这种木蚁就成为了"僵尸蚂蚁"。

一般木蚁变成"僵尸蚂蚁"以后,就会离开自己的蚁群,跑到外边去流浪。

被控制住了的"僵尸蚂蚁"在生命的尽头是最痛苦和难过的。通常,"僵尸蚂蚁"在生命的最后几个小时,会用自己的下颚死死地咬住一片树叶的中央叶脉,将自己困死在这片树叶上,于此同时,寄生在它身体中的僵尸蚂蚁菌也就在树叶上生存下来。前面我们已经说过,僵尸蚂蚁菌喜欢炎热潮湿的环

境,在树叶上生活远远要比在树冠和地面的生存条件要好得多。所以"僵尸蚂蚁"把它带到树叶上来无疑是将它带进了一个欢乐窝。

当"僵尸蚂蚁"死亡以后,僵尸蚂蚁菌就会从木蚁的头顶上发芽,从而生产出孢子,趁晚上月黑风高的时候,落在其他木蚁身上或者地表上,再感染其他的木蚁。

可不要小看僵尸蚂蚁菌对木蚁的破坏力,它可以让整个蚁穴的木蚁都成为它的俘虏,从而摧毁整个蚁群。

# 真菌家族里的趣闻

**关键词**：松茸、奥氏蜜环菌、块菌、天蓝蘑菇、恶魔雪茄、出血齿菌、云芝、狗蛇头菌、橙盖鹅膏菌、红笼头菌、尖顶地星菌、毛蜂窝菌、大丛耳菌、金黄喇叭菌

**导　读**：真菌是一个庞大的家族，在这个庞大的家族中，生活着千奇百怪的真菌，它们有大的有小的，大的大到一个真菌的占地面积能建超过 1000 个足球场，小的小到要用电子显微镜才能观察到……同时，还有一些比较奇怪的真菌，它们共同构成了一个趣味横生的真菌世界。这些真菌到底奇怪在哪呢？又有哪些独特之处呢？就让我们一起来揭开它们的秘密吧！

# 最顽强的真菌——松茸

生命对于人来说只有一次,对真菌来说也是不可复制和不可挽回的。所以真菌跟人类一样都十分珍惜自己的生命。有一种真菌的生命力非常顽强,它就是被称为"菌中之王"的松茸。

松茸是一种伞状真菌,学名松口蘑,除此之外,它还有许多别名,比如大花菌、松蕈、剥皮菌等。在云南纳西族地区,当地纳西语又称其为"裕茂萝"。在当地,"裕茂萝"被誉为地产菌类中的"山珍"。松茸是一种珍贵的食用菌,不仅菌肉白嫩肥厚,还富含蛋白质、纤维素、多种氨基酸、不饱合脂肪酸、核酸衍生物、肽类物质、多糖等营养物质。其体内还带着特殊的香气,食之口感极佳。

宋代唐慎微所著《经史证类备急本草》记载:"松茸可备急,生于松下,菌蕾如鹿茸。"这里所强调的是两点:一是生长于松林之下;二是它的菌蕾的形状比较像鹿茸。故这种真菌名为"松茸"。

同时,这也表明松茸在长期进化过程中与松属植物形成协同进化的关系,并能互惠互利,比如,松属植物为松茸提供必要的生长物质,而松茸却为松属植物改善土壤及根系环境,更利于松属植物的

我的产地

云南

在云南地区，气候适宜，有美人松(即长白松)、大理香花、沙壤土这些条件，所以当地比较常见松茸。

117

成长。因此，松茸在我国境内主要产于云南地区，那里有成片的松林，还有适宜的环境和气候。

除在我国云南常见松茸踪迹之外，我国的川西高原、吉林长白山以及台湾地区的松针林或以松针林为主的混交林地，也能看到它的踪迹。在日本、朝鲜半岛，也不乏松茸的身影。在古代的日本，松茸被视为"奇珍"，其文武官僚、布衣百姓常常拿松茸作为珍贵的"贡品"献于王室贵胄和贵族阶级。

事实上，松茸原产于我国云南地区，260万年前，第四纪冰川来临，地球上很多物种灭绝，这时，松茸开始出现，并安家落户到位于北纬20°～40°之间的云南香格里拉地区，这个地区没有受到冰川的侵害。一些古生物和真菌在这一地区。开始生长繁衍。

难道松茸也害怕冰川吗？它很脆弱吗？事实恰恰相反，松茸的生命力非常顽强，有这么一个传说：

1945年，美国在日本的长崎和广岛投了两颗原子弹。原子弹的威力让广岛上大多数生物都纷纷死亡，只有一种真菌还在顽强地生活着，它就是松茸。也正是因为如此，日本人才把松茸当成长寿之宝。虽然这个传说听上去有点儿夸张，却透露出这样一个信息：松茸在恶劣环境中也能够生长。

由此可见，松茸在真菌家族中是当之无愧的生命力最顽强者。

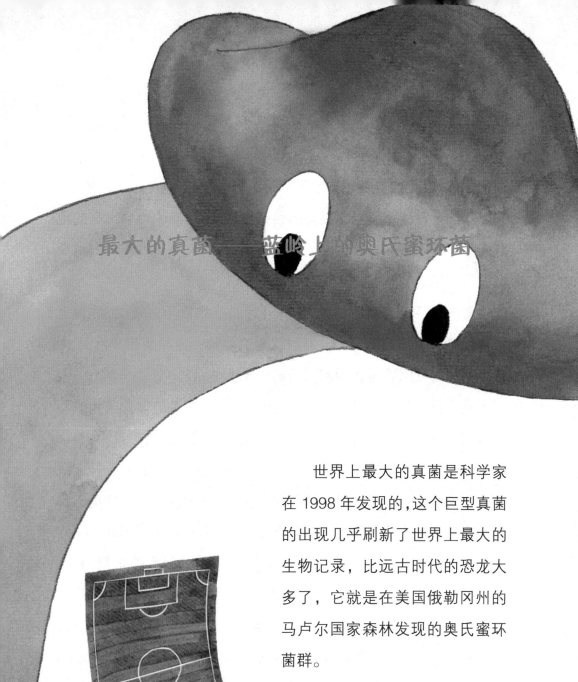

世界上最大的真菌是科学家在 1998 年发现的,这个巨型真菌的出现几乎刷新了世界上最大的生物记录,比远古时代的恐龙大多了,它就是在美国俄勒冈州的马卢尔国家森林发现的奥氏蜜环菌群。

奥氏蜜环菌,隶属于泡头菌科的一种真菌。它的皮肤呈棕色或茶色,菌盖上有鳞,菌柄上有发

119

达的菌环,因此很容易与其他蜜环菌区分。

奥氏蜜环菌一般喜欢在美国西部生活,不过有的也会在别的地方安家。20世纪90年代,科学家就在中国的大兴安岭和长白山地区发现了它。

奥氏蜜环菌有点儿像蝉,它一开始是在地底下生活的,地面上根本就看不到它的影子,只有到秋天的时候,通常是在9月到10月中旬这段时间才可以看到它结出的子实体。

奥氏蜜环菌这种真菌可以长得十分巨大,在美国俄勒冈州的马卢尔国家森林发现的奥氏蜜环菌群简直大得超乎人的想象。

这棵巨大的奥氏蜜环菌群占地8.9平方千米,这是一个什么概念呢?我们知道标准的足球场占地才7140平方米。而这棵奥氏蜜环菌群的占地面积差不多可以建造超过1200个标准足球场。

这棵奥氏蜜环菌群的年龄也非常大了,据科学家们推测,它可能生长了2400多年了,应该算是非常老的老寿星了。

它的重量也不容小觑,据科学家的估算,它可能在605吨左右,一头成年大象的重量也不过就七八吨,而这棵奥氏蜜环菌群相当于80头大象的重量。

这个菌群如果看成是一个真菌的话,那它肯定毫无意外地登上最大真菌的宝座,同时也会夺得最大生物的桂冠。

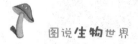 

# 最贵的真菌——块菌

黄金在人类的眼中可以算得上是好东西,有了它就相当于有了财富。可是,你们知道吗?有一种真菌比黄金还要贵重。真菌怎么可能比黄金还要贵重呢?

实话告诉你们,真的有这么一种真菌比黄金还要贵重,那就是块菌。块菌在欧美等一些国家有"黑色金刚石"之称,可见其价格之昂贵。为什么块菌会有这么昂贵的价格呢?这跟块菌自身的营养价值是分不开的。

块菌又叫松露。块菌的形状有点儿像球,但是不怎么规则,更接近椭圆。它的颜色是黑褐色或者是深咖啡色,喜欢在杉树、华山松、

麻栎等树的混交林中生活。在世界各地都有不同品种的块菌,比如英国出产红纹黑松露,法国出产黑松露,意大利出产白松露等。

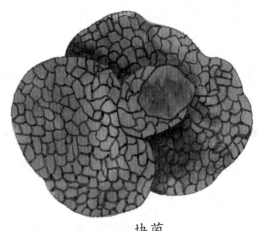

块菌

块菌的营养价值是非常高的,它与鱼子酱、鹅肝酱被同称为三大珍品。在块菌中含有适量的蛋白质,17 种氨基酸,另外还含有钙、铁、锌、锰等多种微量元素,不仅能增强人体的免疫力,还能抗衰老。可能也正是因为这些原因才让松露的价格高到了让人意想不到的地步。

不仅松露的价值高,就连"寻松狗"的价格也跟着一路飙升。"寻松狗"顾名思义,就是帮人寻找松露的小狗,它们可以凭着它们敏感的嗅觉寻找松露。这种"寻松狗"在意大利是比较常见的,很多意大利人就是靠着它们来寻找松露的。

# 最风光的真菌——天蓝蘑菇

如果告诉你，真菌家族的光辉形象被印刷到钞票上了，你肯定说我在吹牛了，可事实上，真菌家族的一位杰出代表——天蓝蘑菇，就登上了一个南半球的岛国新西兰于 1990 年储备银行发行的 50 元钞票的背面了，这样的事情够有面子，够风光的吧，这也是整个真菌家族的骄傲啊！

天蓝蘑菇大多生活在新西兰和印度这两个国家，它们通体蓝盈盈的，非常招人喜爱。据科学家研究的结果显示，天蓝蘑菇的蓝色外

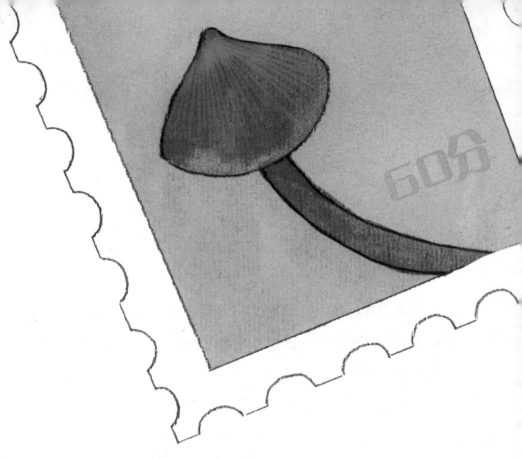

表其实是由于它的体内含有 3 种色素造成的，就像一个无色的玻璃瓶子注入了蓝色的墨水后就变成蓝瓶子的道理是一样的。

由于天蓝蘑菇有着不同于大多数蘑菇灰头土脸的蓝色清新造型，天蓝蘑菇一直是人类宠爱的对象。2002 年，新西兰发行了一套只有 6 种真菌入选的邮票套装，天蓝蘑菇当仁不让地成为了其中的佼佼者。

怎么样，你们现在对真菌家族刮目相看了吧！最后还得提醒你们一句，天蓝蘑菇虽然长相漂亮，但是能不能摆上大家的餐桌还是个未知数，因为它奇特的蓝色外表下有没有某种特别的毒素还不为人所知呢，所以，你们也不要轻易尝试啊。

# 会吹口哨的蘑菇——恶魔雪茄

在真菌家族中，有一个会吹口哨的"音乐家"，它还有一个奇怪的名字叫恶魔雪茄。虽然它的名字比较凶恶，但是它可是世界上最稀有真菌品种了。

它还有一个好听的名字叫得克萨斯之星。叫这个名字是由于两个原因：第一，它的家乡主要是在美国得克萨斯州的中部地区，以前在别的地方几乎没有发现过它的踪迹，但是最近人们又在日本奈良的大山深处发

现了它的踪影。第二，在不释放孢子的时候，它的菌盖像极了深棕色的雪茄，但是，当它裂开口，释放孢子的时候，它就会分开成几瓣，展开的形状非常像一颗多角形的黄褐色星星，也很像一株盛开的黄褐色的莲花，非常漂亮。

更为神奇的是，它在将体内的孢子释放出来的时候，会发出非常奇特的口哨声，如果你在深林里散步，肯定会被这样的声音吓倒的。你一定会感叹真菌家族无穷的奇妙吧！

# 会流血的蘑菇——出血齿菌

你见过会流血的蘑菇吗？你肯定会摇摇头说："不可能！"但是，如果你见到真菌家族的这个成员——出血齿菌的时候，你的想法也许会改变的。

蓦地一看，它像一块漂亮的粉红色宝石，更像是一颗娇艳欲滴的草莓。但是，你仔细看的话，就会发现它白色菌盖表面上晶莹的红色小珠珠竟然是"血"。不要以为这是哪个可怜的动物留下的血迹，这"血"其实是从蘑菇的气孔里渗透出来的红色的液体，如果不注意看的话，真的跟血滴一样啊！

这个神奇的真菌家族成员主要居住在美国，在树高林密的松树林中你能发现它的身影，欧洲的一些地方也适合它生活，在亚洲的伊朗和韩国，也有人看到过它的踪迹。

128

# 大森林里的翩翩舞裙——云芝

　　传说精灵住在森林里,被誉为森林里的明星。但是你知道吗?其实在森林里还有很多各个物种的明星,云芝就是其中之一,它绝对称得上是一个很著名的真菌明星。既然是明星,一般都很容易被辨认出来,云芝的造型非常独特,它的表面像是穿了一件百褶裙,还层层叠叠的呢! 亮丽的花纹点缀着裙子表面,像极了翩翩起舞的西班牙女郎的裙摆。

  云芝不但外表光艳美丽,它还有一个很好玩的名字,叫做"火鸡尾巴"。人们为什么给它取了一个这样的名字呢?原来它的样子跟大家在感恩节吃的火鸡的尾巴一模一样! 这不是很好玩吗?

  除云芝之外, 还有一些森林真菌类也是以鸟类的名字来命名的。但是在千奇百怪的真菌名字中,以"火鸡尾巴"来为云芝命名,应该是最为贴切的了。

  为什么这样说呢?因为并不是所有的森林真菌类的名字都像它一样恰如其分,比如鸡菌这种真菌,它就一点也没有鸡的样子。

# 臭臭的蛇形蘑菇——狗蛇头菌

真菌家族千姿百态，只有你想不到的造型，没有真菌长不成的造型。下面介绍一种有着奇特外貌的真菌——狗蛇头菌。

如果你们在森林里漫步，发现在高大树木的根部，探出来几个小小的黑色蛇脑袋的时候，不要惊慌失措，它们有可能就是真菌家族的狗蛇头菌。

狗蛇头菌有着红白色细小的躯干，头部却是一个黑黑的"脑袋"，乍一看确实跟一条小蛇没有区别。凭借这么怪异的相貌，它也

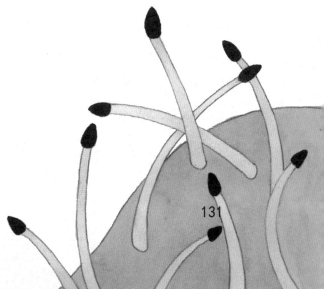

131

被真菌家族推举为最丑陋的真菌之一。

狗蛇头菌,属于真菌家族的鬼笔目,它的英文学名大有来头,是来自古罗马神话里面的生育之神,意思是"与狗相似"。 狗蛇头菌喜欢成群结队地居住在腐烂的树木上面,还有落叶丛里。

与很多植物依靠娇艳、芳香的花朵吸引蜜蜂和蝴蝶以及昆虫传播花粉相反的是,狗蛇头菌依靠的是臭味。

狗蛇头菌能散发出一种与猫的粪便相似的恶心气味,一些喜欢逐臭的小昆虫,比如苍蝇之类被它吸引过来之后,又将狗蛇头菌的孢子带到了其他地方,如果有合适的温度和湿度,孢子又会在别的地方生长了。

这种有怪怪臭味的怪异真菌, 在很多人眼里是不能食用的,一般也是没有人愿意尝试的,但是,在美国的西弗吉尼亚州等一些地区的人们,还是会抵挡不住美食的诱惑,将狗蛇头菌烹调成美味的食物。

如果一盘像小蛇脑袋一样的"臭臭"的蘑菇端上餐桌,你会不会被吓一跳,并且捂住鼻子走开,拒绝尝鲜?还是会去品尝这道奇特的美味呢?

不管怎样, 我想你们一定会感叹真菌家族的成员形态各异、争奇斗艳吧!

# 吃了要被判死罪——橙盖鹅膏菌

　　不知道你们听说过吃野生蘑菇会被判死罪的吗？你们一定不会相信，摘点人家种植的蘑菇都不至于掉脑袋，更何况还是吃野生的蘑菇呢！可是，历史上还真发生过这样的事情。引发这一离奇事件的是一种名叫橙盖鹅膏菌的蘑菇。

　　橙盖鹅膏菌，是一种喜欢在温暖的环境中生长的真菌，它们通

橙盖鹅膏菌

133

常生活在橡树或者栗子树的树林当中。

橙盖鹅膏菌,同时还是一种长相比较漂亮的蘑菇。它菌盖的直径大约在 5.5～20 厘米。在初期,这些菌盖的形状有点儿像一口倒扣着的钟。等长到一定阶段的时候,菌盖会慢慢地舒展开,呈现出伞的形状。

橙盖鹅膏菌的菌盖的颜色也非常地鲜艳,从菌盖的顶部到四周一般呈鲜橙黄色至橘红色。

橙盖鹅膏菌,不仅长相漂亮,讨人喜爱,它还打破了漂亮蘑菇一般都不能食用的"魔咒",成分一种食用菌,最重要的是味道还十分鲜美。而正是因为橙盖鹅膏菌味美、貌美才得到了凯撒大帝的特别钟爱。

生于公元前 102 年的凯撒大帝,是罗马共和国非常杰出的军事首领和政治家。他对于橙盖鹅膏菌就十分的钟情。为了能够独自享受这种美味,他还特意下了一个规定,橙盖鹅膏菌这种蘑菇只能归宫廷里食用,平民们谁采到这种蘑菇要立即向有关部门报告,如果有人偷偷将这种蘑菇藏起来自己食用,就会被判死罪。不过,到底有没有人因此而掉脑袋,历史上并无记载,我们就不得而知。

另外,这个凯撒大帝还用自己的名字来为这种蘑菇命名,称为"凯撒蘑菇"。

# 邪恶天使——红笼头菌

这是一种让人非常纠结的真菌,可以说是一种美丽与邪恶共生的物种。它是鬼笔科笼头菌属的一种著名真菌,名字叫红笼头菌。

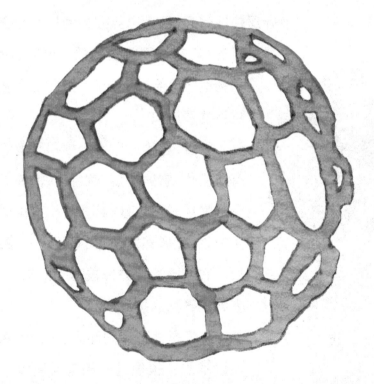

红笼头菌

135

它十分美丽、妖艳，粉红色的菌体像一个由方格子连接起来的中空的足球，又像是红色的笼子，十分招人喜爱。它那种精巧的连接、立体结构巧夺天工，甚至让人们怀疑这不是地球上原本就存在的物种，而是被外星来客带到这里的。

而另一方面，它的生活习性和独特的气味又让人们退避三舍，绕道而行。红笼头菌是一种腐生真菌，它非常喜欢和腐烂的植物枝叶居住在一起，因为已经死去的植物给它的生长提供了养料，在它用完植物的"尸体"大餐之后，植物的枝叶会荡然无存，因此它也被称为自然界的清道夫。

并且，它的外形也会根据环境的变化而有所变化，它的造型就很让人惊悚。它有时会被发现长在坟墓的边缘，模样类似人类得头盖骨，让偶然发现它的人吓一大跳。有时候，它还会看上去像被呕吐出来的食物，或者野猫野狗的排泄物。

不仅是外形夸张吓人，它的气味也让人难以承受，很像是一种肉类腐败之后的恶臭，这种难闻的气味让人们很少接近它。

在欧洲,曾经
有一位植物学家
试图去研究这种
红笼头菌，把它
做成植物标本。
遗憾的是,它那让人难

以抵挡的恶臭气味，还是让科学家从半夜睡梦
中惊醒,最后,这位科学家不得已把这个恶心的"家伙"直接扔出了
窗外。

　而这些让人掩鼻的臭味,却是另外一些"逐臭客"们最热爱的味
道。苍蝇还有一些其他昆虫就十分喜欢这种味道,而同时,正是借助
这些昆虫们的帮忙,也让红笼头菌的孢子得以更广泛地传播。

　这种真菌的老家主要是欧洲，在那里人们都叫它篮子臭角,或
者格子臭角。在东欧的一些国家它还被称为巫女之心。它有没有毒
还没有定论,这是因为它散发出来的恶臭,实在是没有人有勇气去
尝试下它的味道。

　近些年,红笼头菌的足迹也开始踏上了亚洲、大洋洲、美洲的大
陆,这种臭臭的气味飘散到了欧洲之外的地区,不知大家见过这种
奇特的蘑菇吗?

# 闪亮的星星——尖顶地星菌

这是一种神奇的蘑菇，一个浑圆的子实体长在呈现放射状的外包被上，整个造型很像一颗星星环抱着地球，你不得不佩服大自然的造化神奇。这种像闪烁的星星一样的真菌"明星"，叫做尖顶地星菌。

尖顶地星菌在世界上很多地方都有分布，因此，许多不同国家的朋友可能都会认识它。尖顶地星菌是这类能绽放放射状的星形真菌中最夺目的一颗，它成熟的时期，

星形的"臂膀"全部舒展开的话，足足有12厘米长。

尖顶地星菌刚生长的时候并不是这样美丽，在地下孕育的时候也是个灰头土脸的小圆球，但是当它从地面冒出脑袋的时候，它就像"十八变"的小姑娘一样，那些"伞状花序枝"都打开了，里面藏着的那个浑圆可爱的小"胖娃娃"——子实体展现了出来。而当微风吹来的时候，那些子实体上的孢子就会随风释放，在另一个地方开始延续家族的香火。

因为这种真菌奇特的星状造型，似乎暗示着跟天上星星的运行有着一些玄妙的联系，在很多美洲的土著人那里，这种尖顶地星菌被认为具有某种预测天象事件发生的神秘力量，成为他们占卜的一种道具。

# 构造精巧的"入侵者"——毛蜂窝菌

　　第一眼看到这种真菌,你们肯定不会在意,因为它实在是长得太像一个废弃的马蜂窝了。那密密麻麻的蜂巢,跟真的蜂巢一模一样,也许真的会有粗心的蜜蜂将这里当做自己的家呢。

　　这种毛蜂窝菌主要生活在中国的南方地区,而且它有一个特别的居住习惯,喜欢"寄生"在龙眼、荔枝等果树上,扮演了一个不光彩的"掠夺者"的角色。它的存在会引起这些果树的病害,让果树的木材发白变得腐朽不堪。因此,果农发现它的踪迹都会非常警惕,因为它的大面积繁殖会让这些果树干枯死亡,那些甜美的果实也不会存在了。

毛蜂窝菌

# 俏皮的兔耳朵——大丛耳菌

在野外的草丛里，几对竖起来的长耳朵伸出来，当你们悄悄靠近猛扑上去想要活捉几只小兔子的时候，你会很惊奇地发现，它们原来不是什么兔子，而是一种长得非常像兔子耳朵的真菌家族成员。

也许这对你们来说会有种被欺骗的感觉。但是，在懊恼之余，你们也会有了新的收获，毕竟这又是一种神奇的真菌。

或许，你们也会抱着一颗充满好奇的心，想去了解这种神奇的"兔耳朵"菌，去看看它神秘的面纱背后是什么。

事实上，科学家们已经给它起了一个好听的名字——大丛耳菌。那些长长的耳朵，其实是菌体的一部分，很多耳朵状的子囊盘共同连接在一个生长点菌柄上，菌柄一般就埋藏在土壤里。这些兔耳朵一样的子囊盘长短不一，长的可以长到 10~15 厘米的高度，这个时候它们的样子就真的跟兔子相差无几了，也许饥饿的"灰太狼"也有看走眼的时候，以为它们是兔子，从而对这种蘑菇痛下杀手呢。

这种蘑菇在中国不难被发现，像吉林、山西、安徽、四川、云南等

好多省份的草丛里都能发现它们的踪迹。

在夏天或者秋天的树林中，你们仔细看看那些树根旁的草丛里，也许就有几双兔子耳朵躲在里面呢。

大丛耳菌

# 树上的金喇叭——金黄喇叭菌

雨季的时候，在我国很多地方的野外树木上，你们会发现一种金黄色的小喇叭冒了出来，它们金黄色的喇叭口张着，像是要吹奏出嘹亮的小号舞曲。

其实，它们不是喇叭花，也不是哪个淘气的孩子放上去的玩具，它们是一种真菌，叫金黄喇叭菌。

金黄喇叭菌的子实体很小巧，金黄金黄的色泽，很像一把闪耀着金属光泽的小金号。金黄喇叭菌特别喜欢跟杨树、柳树等树木"为伍"，在夏秋季节，在福建、河南、广东等很多省份的阔叶林地上都能发现成群结队的金喇叭。

据科学家研究，这种金黄喇叭菌可以食用，而且味道十分鲜美，细细品尝起来，会有一种浓郁的水果香气溢出来。

但是，蘑菇的种类非常之多，不能随便采摘这些漂亮的蘑菇来吃，因为有些有毒蘑菇与金黄喇叭菌长得差不多，误食了，后果就非常严重了。

金黄喇叭菌，虽然既好看又好吃，但是它也有极其"坏"的一面。

对于大森林里居住的树木而言，这种真菌可是"生命的终结者"，它天生就是"破坏狂"。因此它还有了一个名号叫：木腐菌。

木腐菌的意思就是，它不但寄生在大树上，而且它分解树木"木质素"的能力也非常强。木质素是干什么用的呢？木质素是树木运输水分和营养物质的一个主要成分。因此木质素对于树木是否能够生长成活是非常重要的。

这些被分解的"木质素"成为了金黄喇叭菌的美餐，而被它缠上的树木，都会重病缠身，直至最后枯死。

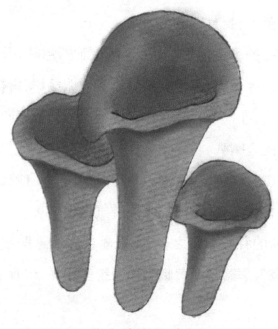

金黄喇叭菌